십 대를 위한
생명과학
콘서트

life science

10월의
하늘

십 대를 위한
생명과학
콘서트

미생물에서 공룡까지
생명에 얽힌
놀라운 과학 이야기

청어람미디어

오늘과 내일의 과학자가 함께 펼치는
생명과학 콘서트에 초대합니다

'10월의 하늘'은 과학자를 직접 만날 기회가 많지 않은 작은 도시의 청소년들을 대상으로 10월 마지막 주 토요일에 전국 각지의 도서관에서 펼쳐지는 과학 강연회입니다. 오늘의 과학자가 내일의 과학자가 될 청소년들을 찾아가 과학의 즐거움을 함께 나누자는 취지 아래 2010년부터 지금까지 이어지고 있습니다. 작년에는 10회째를 맞이하여 전국 100개의 도서관에서 '10월의 하늘'이 열렸습니다. 비록 올해는 코로나19로 인하여 청소년들을 직접 만나지 못하고 온라인으로 강연을 진행하게 되었지만, 과학자를 꿈꾸고 과학자를 만나고 싶어 하는 청소년이 있다면 '10월의 하늘'은 언제까지나 계속될 것입니다. 이 책은 '10월의 하늘'에 함께하지 못한 사람들을 위해 누구나 쉽고 재밌게 즐길 수 있도록 '10월의 하늘' 강연을 그대로 실었습니다.

이번 책은 제목처럼 생명과학에 관한 이야기입니다. 생명과학이라고 해서 너무 어렵게 생각할 필요는 없습니다. 우리 주변에서 흔히 보는 초파리와 거미와 고양이를 포함한 다양한 동물부터, 눈에 보이지 않는 세포와 미생물들, 그리고 과거의 생명체였던 공룡까지. 지구상에 존재하거나 존재했던 모든 생명체

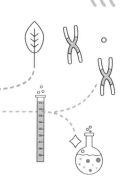

가 그 대상입니다. 그렇다면 생명에 관한 연구가 우리에게 어떤 영향을 미치고 있을까요? 초파리 연구로 유전학이 발전할 수 있었고, 거미를 통해 환경에 적응한 여러 진화 과정을 살펴볼 수 있습니다. 동물 연구를 통해 오히려 인간을 이해할 수 있고, 눈에 보이지 않는 세포와 미생물 연구는 우리 몸의 건강에서 친환경 기술까지 이어집니다. 또한 공룡 화석에서 우리가 보지 못한 머나먼 과거의 환경을 상상하고 미래의 위기를 대비할 수도 있습니다. 미생물에서 공룡까지 생명에 얽힌 다양한 과학 이야기가 준비되어 있습니다.

과학은 어렵거나 우리와 동떨어져 있는 게 아닙니다. 과학은 흥미롭고 때론 감동적입니다. 누구라도 과학자를 꿈꿀 수 있습니다. '10월의 하늘' 강연을 듣고, 또 이 책을 읽은 청소년들이 과학에 매료되어 미래의 과학자나 공학자가 되어 세상을 더 멋진 곳으로 만들어주기를 진심으로 기대합니다.

10월의 하늘 준비위원회 대표

정재승

차례

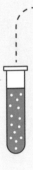

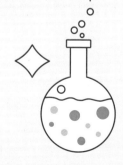

생물이라면 공통으로 가지고 있는 대표적인 특성들이 있습니다. 저는 그중에서도 자손이 어버이를 닮는 현상인 '유전'과 온전한 개체가 되기까지 생장하고 변화하는 과정인 '발생'을 융합한 유전발생학을 연구하는 생물학자입니다. 생물의 발생 과정에서 특정 유전자가 어떻게 발현되고, 그로 인해 어떤 일이 일어나는지에 대해 주로 연구하는 분야입니다. 대표적인 모델 생물인 초파리가 어떻게 생물학의 역사와 함께하게 되었고, 유전발생학자뿐만 아니라 우리에게도 얼마나 중요한 친구가 되었는지 함께 알아보겠습니다.

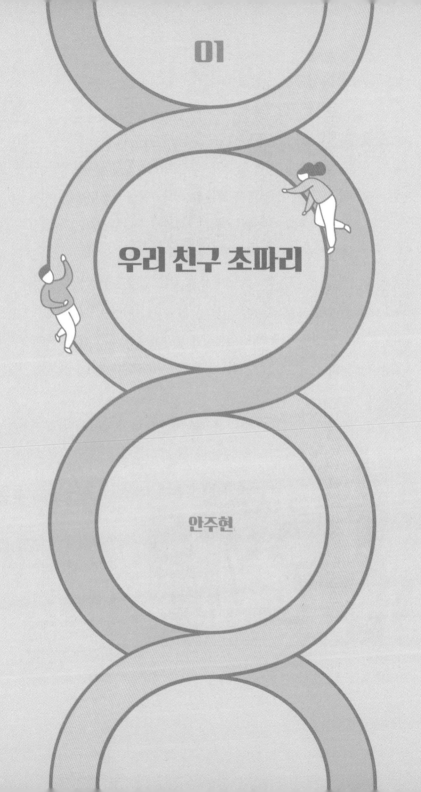

01

우리 친구 초파리

안주현

생물학을 연구하는 생물학자

안녕하세요. 과학에 관심 있는 여러분과 함께 '10월의 하늘'을 맞이하게 되어 반갑습니다. 저는 과학의 여러 분야 중에서도 생물학을 연구하는 생물학자입니다. 여러분은 생물학자라는 말을 들으면 어떤 이미지가 떠오르나요? 인터넷에서 생물학자를 검색해서 나온 이미지를 살펴보면 눈에 띄는 특징이 있습니다. 대부분 하얀색 실험복을 입고 손에는 플라스크, 시험관, 스포이트, 돋보기 등과 같은 실험기구를 들고 있거나, 무언가를 관찰하고 있는 모습입니다. 식물을 관찰하거나 현미경을 들여다보고 있는 사람도 있습니다. 이미지만 보면 생물학자는 실험실에서 무언가를 관찰하고 실험하는 사람들인 것 같습니다. 그렇다면 실제로는 어떨까요?

다른 분야처럼 생물학도 세부 분야로 다시 나눌 수 있습니다. 생물학의 역사를 보면 세포학, 생리학, 유전학, 발생학, 생태학, 형태학, 분류학, 진화학, 분자생물학, 생물정보학 등 많은 분야가 있습니다. 연구의 흐름에 따라 새로운 분야가 등장하기도 했으며, 때로는 다른 분야와 융합하

인터넷에 검색하면 나오는 생물학자의 이미지

여 연구되기도 합니다. 각 세부 분야마다 연구하는 대상과 방법, 장소와 실험기구 등이 달라지기도 합니다. 인터넷에서 검색된 이미지처럼 실험실에서 실험복을 입고 미생물을 현미경으로 관찰하거나, 야외에서 탐사복을 입고 생태계를 조사하는 연구를 할 수도 있습니다. 최근에는 생물학 분야의 실험이지만 직접 생명체를 다루지 않고, 컴퓨터로만 진행되는 연구 방법도 있답니다.

초파리를 연구한다고?

GD lab의 캐릭터

오늘은 그중에서도 동물을 연구하는 분야에 관해 이야기해보겠습니다. 옆의 그림을 보면 의인화된 귀여운 동물이 있습니다. 곤충으로 보이는데 어떤 곤충일까요? 그리고 두 마리 중 한 마리는 돌연변이 개체인데, 둘 중 어느 쪽이 돌연변이일까요? 오늘 강연을 듣다보면 여러분은 모두 답을 찾을 수 있을 겁니다.

첫 번째 질문의 정답을 바로 공개하겠습니다. 바로 초파리입니다. 포도나 바나나를 맛있게 먹고 있으면, 어느 순간부터 작은 초파리들이 과일 근처를 사뿐사뿐 돌아다니거나 날아다니고 있습니다. 크기도 작고 소리도 내지 않지만, 과일이나 음식물이 있는 곳에 나타나 손을 내젓게 만듭니다. 도대체 이 친구들로 무슨 연구를 할 수 있다는 것일까요?

종이컵 위의 초파리

앞에 나온 의인화된 초파리는 제가 속해 있는 연구실의 캐릭터입니다. 연구실의 영어 이름을 약자로 표기하면 GD lab입니다. 뒤에 있는 lab은 실험실을 뜻하는 laboratory의 약자이기 때문에 연구실의 이름은 GD입니다. 사실 GD는 유전학을 뜻하는 genetics와 발생생물학을 뜻하는 developmental biology의 약자입니다. 한국어로는 유전발생학이라고 합니다. 유명한 가수와 동명의 이름을 가진 덕분에 연구실 이름을 소개하면 사람들에게 환영받지만, 초파리 연구를 하는 곳이라고 설명하면 환영에서 의문의 표정으로 바뀌는 것을 볼 수 있습니다. 지금 여러분의 표정일 수도 있겠네요.

유전학과 발생학은 생물학의 세부 분야입니다. 간단히 설명하자면 유전학은 유전의 현상과 원리를 연구하는 분야이고, 발생학은 생명체가 수정 이후 성체에 이르기까지의 변화 과정을 다루는 분야입니다. 부모가 자손에게 유전 물질을 물려주고, 자손이 부모를 닮는 현상을 유전이라 부릅니다. 우리가 어머니의 뱃속에서 단 하나의 세포였던 시절인 수정란에서부터 현재 수십 조 개의 세포를 가진 사람이 되기까지의 과정을 발생이라고 부릅니다. 유전발생학은 이 두 분야를 융합하여 생물의 발생 과정에서, 어떤 유전자가 무슨 임무를 수행하는지 연구하는 분야입니다. 그리고 유전발생학 분야 연구자들의 작고 소중한 친구가 바로 초파리입니다.

초파리 연구의 기본

　　연구실의 아침을 여는 일 중의 하나를 알아보겠습니다. 옆의 사진을 보면 연구자는 손에 병을 쥐고 있고, 그 주변에도 작은 병들이 보입니다. 이 병의 정체는 무엇일까요? 바로 초파리를 키우는 관병입니

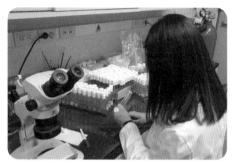
실험 중인 연구자

다. 길이가 짧고 바닥이 평평한 시험관을 떠올리면 됩니다. 보통 유리나 플라스틱 재질로 된 관병 안에 유충의 먹이인 배지를 넣고, 거기에 성체 초파리들을 집어넣습니다. 물론 날아가버리면 안 되기 때문에 솜이나 스펀지 마개로 관병 입구를 막아야 합니다. 대량 번식을 위해서는 보다 큰

초파리를 키우는 관병들

관병을 이용하기도 합니다.

　　성체 암컷은 시간이 지나면 배지 위에 알을 낳고, 알에서 깨어난 유충은 배지를 먹고 그 안에서 생활

하게 됩니다. 배지는 누르스름한 색을 띠고 있는데, 주성분인 옥수숫가루의 색깔 때문입니다. 물에 옥수숫가루와 다량의 당분, 한천 가루, 효모 가루, 약간의 방부제를 섞어 끓인 후 관병에 담아 식히면 배지가 완성됩니다. 그런데 배지가 유충의 먹이라면 성체 초파리는 무엇을 먹을까요? 만약 자연 상태의 초파리라면 새콤달콤한 냄새가 이끄는 곳으로 날아가 먹이를 찾을 수도 있겠지만, 관병 안의 초파리들에게는 빵을 만들 때 사용되는 건조한 효모 가루를 먹이로 넣어 줍니다.

초파리를 키우는 관병은 항온항습기 안에서 보관한다.

유충들이 배지 속으로 파고 들어가 생활하기 시작하면, 고체 상태였던 배지가 점차 흐물흐물하게 변하기 때문에 시간이 지나면 성체 초파리들이 배지에 빠져 죽는 일이 일어나기도 합니다. 그래서 미리 성체 초파리들을 새로운 관병으로 옮겨주어야 하는데, 앞서 사진 속의 연구자가 하는 것이 바로 성체 초파리들을 새로운 관병으로 옮기는 일입니다.

연구실에 가면 그런 관병이 무수히 많이 쌓여 있는 것을 볼 수 있습니다. 관병이 담겨 있는 진열대에는 보통 50개, 골판지 틀에는 100개의 관병을 끼울 수 있습니다. 실험에 따라 다르지만 한 관병 안에 성체 초파리를 30마리만 넣는다고 가정해보면, 골판지 틀 하나당 3,000마리의 초파리가 있게 됩니다. 사진 속에 있는 초파리의 수를 상상해보면 어마어마하지요. 그래서 초파리를 연구하는 실험실 중에서도 저렇게 초파리를 사육하는 공간을 파리방(fly room)이라고 부르곤 합니다. 파리의 공간이지요. 파리방은 다른 실험실보다도 온도와 습도 유지에 신경을 써야 합니다. 초파리의 발생에는 온도가 큰 영향을 미치므로 서식에 적당한 온도 범위를 맞춰야 하기 때문입니다. 그래서 항온항습기 안에 관병들을 넣어 일정한 조건을 유지하며 사육하는 경우가 대부분입니다. 초파리는 발생과 생장 주기가 매우 빠르므로, 성체 초파리의 이사는 매일 끊이지 않고 일어나야 하는 중요한 실험 과정입니다.

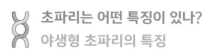 초파리는 어떤 특징이 있나?
야생형 초파리의 특징

이제 초파리에 관해 본격적으로 알아보겠습니다. 우리가 일상에서 흔히 초파리라고 부르는 친구의 생물학적 종명은 노랑초파리입니다. 분류학상으로 보면 동물계-절지동물문-곤충강-파리목-초파리과-초

야생형 초파리

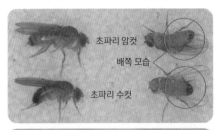

초파리의 암컷과 수컷

초파리 암컷

배쪽 모습

초파리 수컷

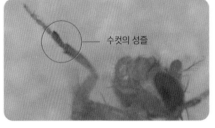

수컷의 성즐

파리속-노랑초파리에 해당합니다. 라틴어로 된 학명은 *Drosophila melanogaster*인데, '이슬을 사랑하는'이라는 의미라고 합니다.

자연 상태의 한 생물 종 집단 내에서 가장 높은 빈도로 관찰되는 형태적 특성을 가진 개체를 야생형(wild type)이라고 부릅니다. 흔히 돌연변이와 대비하여 정상형 또는 표준형의 의미로 사용하기도 합니다. 초파리의 기본 특징을 알기 위해 야생형 초파리를 살펴보겠습니다. 우선 크고 빨간색의 눈과 털이 많이 난 몸이 보입니다. 특히 등 부분의 털들은 길이가 다른 부분보다 길어 보입니다. 몸은 회갈색이고, 살포시 접은 날개는 몸의 끝부분보다 길게 뻗어 있습니다. 일반적인 곤충들처럼 몸은 머리·가슴·배의 세 부분으로 되어 있고, 다리는 여섯 개이지만 날개는 조금 다릅니다. 네 장의 날개를 가지는 다른 곤충들과 달리 두 장의 날개를 가지고 있습니다. 나머지 두 장은 퇴화하여 몸의 양쪽 측면에 '평형곤'이라는 동그랗고 작은 구슬 모양으로 붙어 있습니다.

초파리는 암컷과 수컷이 서로 다른 특징을 가지고 있습니다. 사진을 보면 상대적으로 암컷의 몸이 수컷보다 더 큽니다. 암컷의 배는 뾰족한 모양이지만, 수컷의 배는 뭉툭하고 검은색에, 생식기도 관찰할 수 있습니다. 또한 첫 번째 다리에 '성즐(sex comb)'이라고 부르는 짧은 털이 마치 검은 점처럼 집중적으로 모여 있는 것도 수컷만의 특징입니다.

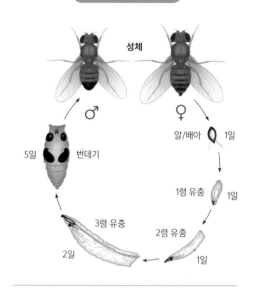

초파리의 생활사

암컷과 수컷 성체 초파리를 25℃에서 키우면 알을 낳고, 알은 하루 정도 지나면 부화하여 1령 유충이 됩니다. 다시 하루가 지나면 2령 유충, 또 하루가 지나면 하얗고 통통한 3령 유충이 됩니다. 2~3일 가량 지나면 3령 유충은 그동안 생활하던 배지에서 나와 관병 벽을 타고 점점 위로 기어오릅니다. 그러다 어느 순간 멈춰서 번데기가 됩니다. 번데기 상태로 4~5일을 보내고 나면 단단한 껍질을 가르고 성체 초파리가 나옵니다. 껍질 밖으로 나온 직후의 초파리는 몸이 하얀색이고, 날개가 젖은 상태로 쭈그러들어 있습니다. 1~2시간 정도 지나면 날개가 마르면서 완전히 펴지고 몸 색깔도 진해집니다. 약 12시간 정도가 지나면 성(性)적으로도 성숙해져서 알을 낳을 수 있는 상태가 됩니다. 정리해보면 알에서 성체가 되기까지 10일 정도가 걸리고, 이후에는 자손 세대의 생활사도 시작됩니다.

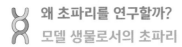

왜 초파리를 연구할까?
모델 생물로서의 초파리

노랑초파리의 몸길이는 2~3밀리미터 정도로 매우 작은 크기입니다. 도대체 뭐가 보이나 싶은 생각이 들 수도 있겠지만, 놀랍게도 이 작은 생명체는 좋은 모델 생물로서의 특징을 고루 갖추고 있습니다. 그리고 성체보다도 훨씬 작은 초파리의 알(배아)을 대상으로 이루어지는 연구도 있을 정도입니다. 생물들은 모두 같은 유전 시스템을 가지고 있습니다. 그래서 어떤 종에서 수행한 연구는 다른 종의 유전 시스템에 적용할 수 있습니다. 생물체가 같은 유전 시스템을 가지고 있다는 것은, 모든 생명체가 공통의 조상으로부터 진화했다는 사실을 설명해주는 근거가 되기도 합니다. 이러한 특성을 바탕으로 생물학자들은 상대적으로 결과를 얻기 쉬운 생물을 대상으로 연구를 수행하는데, 이때 주로 이용되는 생물들이 바로 모델 생물입니다. 초파리 외에도 쥐, 토끼, 개, 예쁜꼬마선충, 제브라피시 등이 대표적인 모델 생물로 널리 알려져 있습니다.

분야나 목적에 따라 그에 적합한 모델 생물을 연구하는데, 유전학 분야에서 주로 연구하는 모델 생물의 공통적인 특징이 있습니다. 첫 번째는 짧은 생활사를 가지고 있어 단기간 내에 여러 세대를 관찰할 수 있습니다. 두 번째는 짧은 시간 안에 여러 번의 교배가 가능하고, 자손을 낳는 수가 많아 유전 비율을 계산할 수 있습니다. 세 번째는 유전적인 교배를 설계하고 수행할 수 있습니다. 네 번째로는 실험실 환경에 잘 적응하고, 상대적으로 좁은 공간에서 적은 비용으로 기를 수 있습니다. 또한 유전적 변이가 많고, 해당 생물의 유전 시스템에 대해 축적된 정보가 많은 것도 좋은 모델 생물이 갖는 장점입니다.

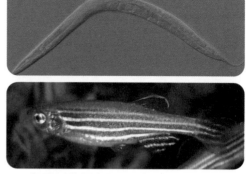
대표적인 모델 생물인 예쁜꼬마선충(위), 제브라피시(아래)

모든 모델 생물이 이러한 조건을 모두 갖추고 있는 것은 아니지만, 하나 이상의 유용한 특징을 가지고 있습니다. 특히 초파리는 이 모든 조건을 갖추고 있는 매우 훌륭한 모델 생물로 유전발생학 연구에서 오랫동안 함께 해왔습니다. 초파리의 생활사에서 살펴봤던 것처럼 10일이면 알에서 성체가 되어 한 세대가 매우 짧습니다. 암컷 초파리는 10일 동안 약 500개의 알을 낳습니다. 실험실의 안정적인 환경에서는 수명이 약 50~60일 정도 되므로 아주 많은 자손을 얻을 수 있어 유전 비율을 계산할 수 있습니다. 원하는 유전자형을 가진 암컷과 수컷을 골라 교배를 시킬 수 있으며, 몸의 크기가 작아 좁은 공간에서 효율적이고 경제적으로 기를 수 있습니다.

또한 돌연변이의 수가 매우 많고, 모든 유전 정보가 온라인에 공유되어 있어 전 세계의 연구자들이 접근 가능하다는 것도 강력한 장점입니다. 2000년대에 초파리의 유전체 분석이 완료되었고 그 결과가 온라인에도 공유되어 있습니다. 현재 우리는 초파리의 유전체 크기가 사람의 5%

정도로 작지만, 유전자는 사람과 약 60% 유사하고, 특히 사람에게서 질병의 원인이 된다고 알려진 유전자의 약 75%가 초파리에서 유사하게 발견되었다는 것도 알 수 있습니다.

초파리 연구(1)
반성유전: 초파리의 눈이 왜 이렇지?

그레고어 멘델

오늘날 유전학에서 항상 언급되는 중요한 생물학자가 있습니다. 바로 '멘델의 유전 원리'로 유명한 그레고어 멘델입니다. 그는 1866년에 완두의 교배 실험 결과를 정리한 논문을 발표했는데 당시에는 그리 주목을 받지 못했습니다. 하지만 1900년에 네덜란드의 휘호 더 프리스, 오스트리아의 에리히 폰 체르마크, 독일의 카를 코렌스라는 세 명의 식물학자가 각자 자신들의 연구 결과를 멘델의 논문에 따라 해석하면서, 멘델의 업적이 재발견됩니다. 그리고 미국의 생물학자인 토머스 모건에게도 영향을 주게 됩니다.

✚ 염색체는 무엇일까?

모건의 연구를 이해하기 위해 먼저 알아야 할 개념이 있습니다. 생물학에서 X라는 구조가 등장하면 무엇이 떠오르나요? 바로 염색체입니다.

염색체는 생물을 이루는 기본 단위인 세포 내부에 있는데, 관찰을 위해 세포를 염색했을 때 진하게 염색되기 때문에 염색체라는 이름을 붙였다고 합니다. 염색체는 우리의 유전 물질로 구성된 중요한 구조물이지만, 항상 관찰되지는 않습니다.

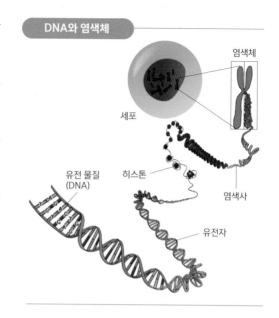

DNA와 염색체

염색체

세포

유전 물질 (DNA)

히스톤

염색사

유전자

평소에는 실 같은 형태로 세포핵 안에 풀어져 있다가, 세포 분열의 특정한 시기에만 모이고 응축되어 X자 형태의 구조물을 만듭니다. 이때 실과 같은 형태의 유전 물질이 바로 DNA입니다. 현대의 생물학자들은 DNA가 염기, 당, 인산으로 구성된 이중나선 구조를 이루고 있으며, 염기서열에 담긴 유전 정보가 자손에게 전달된다는 것을 알고 있습니다. 또한 DNA 염기서열 중에서도 특정한 구간들을 유전자라고 부르며, 어떤 유전자를 가졌는지, 그 유전자가 얼마만큼 발현되는지에 따라 차이가 나타날 수 있다는 것을 알고 있습니다. 하지만 이러한 사실은 어느 날 갑자기 밝혀진 게 아닙니다. 과거에서 현재까지 수많은 과학자가 끊임없이 연구를 수행하고, 그 결과를 발표해온 덕분에 우리에게 전해질 수 있었습니다.

✚ 모건의 흰 눈 초파리 실험

모건은 발생학을 전공한 생물학자로 생물의 발생 과정에서 유전과 환경이 미치는 영향에 관해 연구하다가, 멘델의 유전 원리가 재발견된 것을 계기로 유전학 연구에도 관심을 가졌다고 합니다. 그는 초기에는 쥐를 모델 생물로 이용하다가 1909년부터는 초파리를 모델 생물로 연구를 시작했습니다. 그로부터 약 1년 후, 그의

토머스 모건

인생에 커다란 영향을 준 돌연변이 초파리를 발견하게 됩니다. 바로 흰 눈을 가진 초파리입니다. 야생형 초파리의 눈은 빨간색입니다. 실제 모건의 파리방에서 사육하던 초파리의 눈도 모두 빨간색이었습니다. 모건은 흰 눈을 가진 초파리를 돌연변이라 생각하고, 흰 눈이 어떻게 나타난 것인지 알아보기 위한 교배 실험을 진행하게 됩니다.

모건은 우선 흰 눈 수컷을 야생형 암컷과 교배하여 나타나는 자손들이 모두 빨간 눈을 가지고 있는 것을 확인했습니다. 이것은 우성 개체와 열성 개체를 교배하면 자손 제1대에서 우성의 표현형만 나타난다는 멘델의 유전 원리로 해석할 수 있는 결과였기에, 흰 눈이 열성 형질이라는 것을 알 수 있었습니다. 모건은 이어서 자손 제1대의 암컷과 수컷을 교배하여 자손 제2대의 개체들을 확인하는 실험을 했습니다. 멘델의 유전 원리에 따르면 우성인 빨간 눈 초파리가 3/4, 열성인 흰 눈 초파리는 1/4의 비율로 나타나야 했습니다. 실제로 자손 제2대의 수를 세어보니 빨간 눈

암컷이 2,459마리, 빨간 눈 수컷이 1,011마리, 흰 눈 수컷이 782마리로 빨간 눈과 흰 눈 개체의 비율이 예상했던 것과 비슷하게 나타난 것을 확인할 수 있었습니다.

그런데 모건은 여기서 이상한 점을 발견합니다. 흰 눈 개체는 모두 수컷입니다. 단순히 멘델의 유전을 따르자면 암수 모두에서 흰 눈이 나타날 수도 있을 텐데, 하나의 성에서만 흰 눈 형질이 나타났다는 것에 그는 의문을 가졌습니다. 그래서 눈 색깔을 결정하는 유전자는 염색체 중에서도 성염색체에 위치할 것이라는 가설을 세웁니다.

그 당시 초파리의 염색체 네 쌍 중에서 한 쌍은 성염색체이고, 암컷의 성염색체는

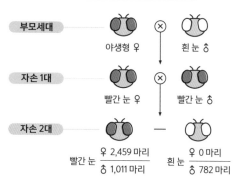

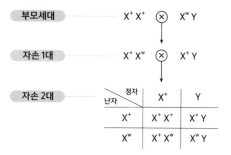

모건의 흰 눈 초파리 교배 실험을 유전자 형식으로 표시

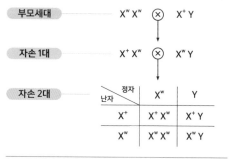

모건의 추가 실험을 유전자 형식으로 표시

XX, 수컷의 성염색체는 XY라는 사실이 밝혀져 있었습니다. 또한 성염색체가 생물의 성을 결정한다는 것도 알려져 있었습니다. 이러한 근거들을 토대로 모건은 눈 색깔 대립 유전자가 X염색체에 있고, Y염색체에는 없을 것으로 추측합니다. 이제부터 빨간 눈 대립 유전자를 +, 흰 눈 유전자를 w로 표시하도록 하겠습니다. 암컷은 X염색체를 두 개 가지고 있습니다. 각각의 X염색체가 야생형(+)과 흰 눈(w) 중 어떤 대립 유전자를 가지느냐에 따라 동형(X^+X^+, X^wX^w) 또는 이형(X^+X^w)이 될 수도 있습니다. 하지만 수컷은 하나의 X염색체만을 가지고 있습니다. X염색체에 있는 눈 색깔 대립 유전자가 무엇이냐에 따라 X^+Y이면 빨간 눈, X^wY이면 흰 눈으로 표현형이 결정된다고 예상했습니다.

그는 이 가설을 검증하기 위한 추가 실험을 진행합니다. 암컷을 흰 눈 초파리(X^wX^w)로 하고, 수컷을 야생형(X^+Y)으로 하는 교배 실험이었습니다. 성염색체는 부모로부터 각각 하나씩 물려받아서 모건의 가설이 맞는다면, 자손 제1대 암컷은 엄마에게서 어떤 성염색체를 받든 아빠에게서 X^+염색체를 받기 때문에 모두 빨간 눈(X^+X^w)이고, 아빠로부터 Y염색체를 받고, 엄마에게서 X염색체를 받을 수밖에 없는 자손 제1대 수컷은 모두 흰 눈(X^wY)이어야 합니다. 실제 교배 결과는 어땠을까요? 교배 결과는 모건의 예상과 일치했습니다.

실험 결과를 종합하여 모건은 흰 눈이 X염색체에 연관된 형질이라고 결론을 짓고, 성염색체에 있는 유전자에 의해 유전 현상이 일어나는 반성유전의 개념을 정립합니다. 또한 염색체를 통해 부모로부터 자손에게 유전 물질이 전달되며, 같은 부모의 자손일지라도 전달받은 염색체 위에 놓인 유전자에 의해 표현되는 형질이 다를 수 있다는 것을 알아냈습니다. 초파리를 통해 유전학의 토대를 마련하고, 유전적 전달 메커니즘을 발견한 공로로 모건은 1933년에 노벨생리의학상을 받게 됩니다.

초파리 연구(2)
돌연변이에 대해 왜 알아야 할까?

모건에게 노벨상을 안겨 준 초파리는 13년 후 모건의 제자인 허먼 조지프 멀러에게도 노벨상을 가져다줍니다. 멀러는 돌연변이 초파리를 더욱 쉽게 만드는 방법을 연구했습니다. 돌연변이를 만들어 낼 수 있다면 더욱 다양한 유전자 조합을 가진 개체를 얻어 실험에 이용할 수 있고, 야생형과 돌연변이의 비교 연구를 통해 어떤 유전자가 본래 기능이 손상되었을 때의 결과도 알아낼 수 있습니다. 이러한 장점이 있으므로 생물학에서 돌연변이 연구는 매우 중요합니다.

멀러는 X선을 쏘인 초파리에게서 태어난 자손 초파리들이 거의 100% 돌연변이라는 것을 발견합니다. 이후 실험실 내에서 X선을 이용하면 인위적으로 돌연변이를 일으킬 수 있다는 사실을 증명하여, 1946년에 노벨생리의학상을 받게 됩니다. 이후 X선 이외에도 초파리에 돌연변이를 일으킬 수 있는 실험 방법들이 개발되어 현재 다양한 종류의 돌연변이 초파리가 연구에 이용되고 있습니다.

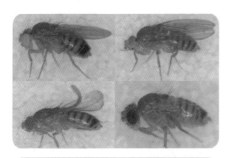

다음 사진은 대표적인 돌연변이 초파리들의 사진입니다. 이제는 익숙한 흰 눈 초파리, 눈이 없는 초파리, 흰 날개 초파리, 갈색 눈과 흔적 날개를 동시에 가진 초파리가 보입니다. 또한 몸의 마디 발생 관련 유전자에 돌연변이가 생겨서, 더듬이 자리에 다리가 있는 안테나 다리 돌연변이 초파리

돌연변이 초파리들

도 있습니다. 최근에는 알츠하이머, 암, 뇌종양, 간질 등의 각종 질병과 관련이 있는 유전자 연구에 돌연변이 초파리들이 이용되고 있기도 합니다.

 ## 생물학의 역사와 함께한 초파리 연구

초파리는 모건과 멀러 이후에도 4번이나 더 노벨상의 주역이 됩니다. 1995년에는 배아 발생 초기의 유전자 조절에 관한 연구에, 2004년에는 후각 수용체와 후각 시스템을 규명한 공로에, 2011년에는 선천성 면역 체계의 활성과 후천성 면역에서 수지상 세포의 역할 연구에, 가장 최근인 2017년에는 초파리의 생체시계를 조절하는 분자적 메커니즘의 발견에 노벨상이 수여되었습니다.

초파리는 1900년대부터 강력하고 유용한 모델 생물로 6번의 노벨상

수상뿐만이 아니라, 120년의 세월 동안 생물학의 역사와 함께 해왔습니다. 초파리를 통해 밝혀낸 수많은 연구 결과 덕분에 다양한 생물학 분야가 발전할 수 있었고, 인류에게도 큰 도움이 됐습니다. 지금 이 순간에도 전 세계에서 초파리가 연구되고 있습니다. 이번 강연을 통해 여러분이 작은 초파리를 단순히 귀찮은 존재가 아니라, 놀라운 가능성을 가진 존재로 볼 수 있게 되면 좋겠습니다. 세상에는 미처 생각해보지 못했던 대상을 연구하는 과학자도 존재한다는 사실이, 여러분이 나아갈 멋진 미래에 도움이 되길 바랍니다.

안주현

우리 주변 생명체들의 다양함과 귀여움에 매료되어 과학에 빠져들었으며, 내가 좋아하는 과학을 다른 사람들도 좋아하면 좋겠다는 생각으로 과학교육을 전공하였다. 초파리의 신경계와 체절 발생 관련 유전자의 발현 양상을 연구하였고, 생물의 연속성과 다양성에 관한 연구로 박사학위를 받았다. 과학에 관심이 있는 많은 사람과 말과 글을 통해 만나고 있으며, 현재는 서울 중동고등학교의 과학교사이자 서울대학교 생물교육과 겸임교수로 재직 중이다.

세상에서 가장 튼튼한 거미줄을 뿜어내는 거미가 아프리카에 있는 섬나라인 마다가스카르에 살고 있습니다. 이 거미를 포함하여 현재 지구상에 밝혀져 있는 거미만 해도 약 4만 9,000종에 이른다는 놀라운 사실을 알고 있나요? 그리고 그 거미들이 뿜어내는 거미줄의 튼튼한 정도 또한 천차만별이라고 합니다. 과학자들이 거미와 거미줄을 연구하여 새로운 발견을 하고, 이어서 이 발견을 공학적으로 이용하여 스파이더맨이 아닌 스파이더 대장균을 만드는 시도까지 하고 있습니다. 거미와 거미줄을 탐구하는 과정을 통해서 생명의 다양성과 진화의 아름다움을 느끼고, 앞으로 다양한 생명체를 지켜나갈 수 있는 착한 마음을 가진 사람이 되었으면 합니다.

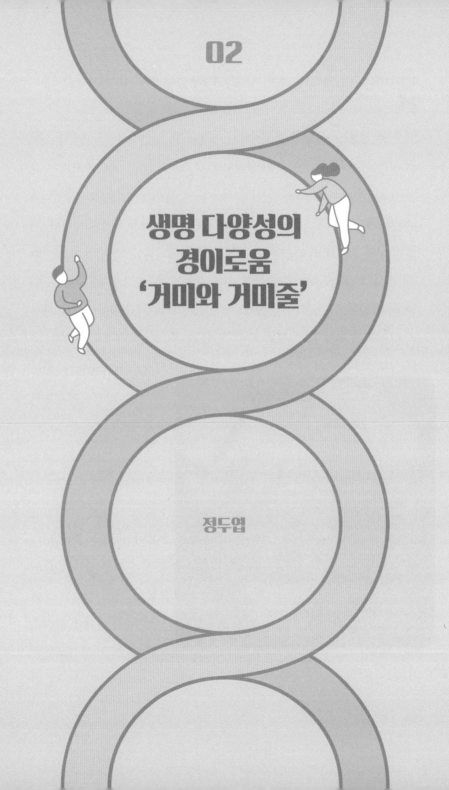

02

생명 다양성의
경이로움
'거미와 거미줄'

정두엽

마다가스카르에 사는 '다윈의 나무껍질거미'

　생텍쥐페리의 소설 『어린 왕자』를 읽어본 사람이라면, 이야기 속에 등장하는 바오바브나무를 기억할 것입니다. 이 나무는 거대한 풍채를 갖고 있어 그 뿌리가 아주 작은 별 정도는 산산조각 내버릴 수도 있다고 나옵니다. 바오바브나무는 소설 속에서만 존재하는 나무가 아닙니다. 지구에는 총 8종의 바오바브나무들이 살고 있습니다. 그런데 흥미로운 점은 그들 중 6종의 원산지가 모두 한 섬이라는 사실입니다. 이 섬은 그 전체가 하나의 나라이고, 그 면적이 우리나라의 6배 정도이며, 또한 아름다운 해변과 때가 묻지 않은 자연으로도 유명합니다.

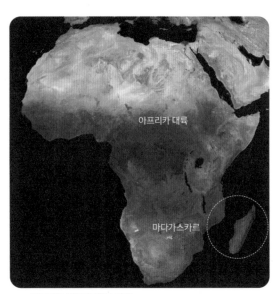
아프리카 대륙의 위성 사진

　대체 이곳은 어느 나라일까요? 세계지도를 펼쳐놓고 아프리카 대륙을 바라보면, 남동쪽에 떨어져 있는 큰 섬나라 하나를 쉽게 찾을 수 있습니다. 바로 '마다가스카르'입니다. 다양한 동물이 등장하는 같은 이름의 애니메이션 영화로도 유명하지요.

마다가스카르에는 바오바브나무처럼 다른 곳에서 볼 수 없는 특이한 생명체들이 많이 서식하고 있습니다. 〈정글의 법칙〉이라는 프로그램에서 김병만 아저씨가 마다가스카르의 정글을 탐험하며 그들을 소개하기도 했답니다. 저도 지금부터 그들 중 한 신기한 생명체를 소개하고자 합니다.

바오바브나무

그것은 바로 거미입니다. '다윈의 나무껍질거미'라는 이름을 가진 이 거미는 2009년 마다가스카르의 국립공원에서 거미를 연구하는 과학자들에게 처음 발견되었습니다. 암컷의 몸길이가 약 2센티미터 정도 되는 다윈의 나무껍질거미는 발견될 당시부터 큰 놀라움을 안겨줬습니다.

다윈의 나무껍질거미

 그 거미의 능력
튼튼한 거미줄 만들기 대회 세계 1위!

그 이유는 바로 이 거미가 만든 거미집의 규모가 매우 거대했기 때문입니다. 먼저 다윈의 나무껍질거미의 거미줄은 최대 25미터의 길이로 만들어져 있었습니다. 이만큼이나 긴 거미줄은 강 건너편에 있는 나뭇잎

다윈의 나무껍질거미가 만든 다리 줄

들끼리 서로 연결할 수 있을 정도였기에 '다리 줄'이라는 이름도 갖게 되었답니다. 또한 거미집의 면적이 최대 2.8제곱미터 정도였다고 합니다. 이것이 얼마나 넓은 것인지 비교를 해보자면, 우리가 자주 쓰는 A4 용지가 대략 45장이 모여야 만들 수 있는 면적이라고 합니다.

이렇게 긴 거미줄을 이용하여 거대한 거미집을 만들려면, 조금만 생각해봐도 '거미줄이 튼튼해야겠다'라는 결론에 이를 수 있습니다. 왜냐하면 연약한 거미줄로는 다리 줄이나 예쁜 모양의 거미집을 짓는 것 자체가 어렵고, 거미집을 짓는다 하더라도 바람이 조금만 세게 불거나 새 또는 다른 곤충이 부딪히게 되면 금방 끊어질 것이기 때문입

다윈의 나무껍질거미가 만든 거미집

니다.

　실제로 과학자들이 다윈의 나무껍질거미 거미줄의 튼튼한 정도를 측
정해보니, 다른 거미들이 만드는 거미줄과 비교했을 때 '강할' 뿐만 아니
라 '잘 늘어나기'까지 한다는 사실을 알게 되었습니다. 만약에 '튼튼한 거
미줄 만들기 대회'가 있다면, 다윈의 나무껍질거미가 세계 1위를 차지할
수 있답니다!

 ## 거미줄의 튼튼한 정도를 어떻게 측정하고 비교할까?

　그렇다면 거미줄이 얼마나 강하고 잘 늘어나는지 어떻게 알 수 있
을까요? 먼저 거미줄의 튼튼한 정도를 측정할 때는 거미줄을 '일정한 속
도'로 잡아당기는 기계를 이용합니다. 올바
른 비교를 위해서는 다양한 거미줄을 당기
는 모든 과정을 똑같이 만들어야 할 것입니
다. 만약 거미줄을 사람의 손으로 당기면,
어떤 거미줄은 빨리 당기거나 어떤 거미줄은
천천히 당기게 될 것입니다. 그러면 거미줄에
힘이 전달되는 시간이 달라지기 때문에 제
대로 측정되었다고 볼 수 없습니다. 무엇이
더 튼튼한지 대충은 알 수 있겠지만, 'A 거미
줄이 B 거미줄보다 2배 더 튼튼하다'처럼 정

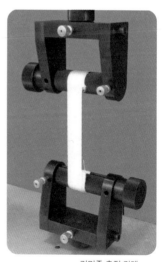

거미줄 측정 기계

확한 수치를 확인할 수
는 없겠지요. 따라서 일
정한 속도로 당기기 위
해서, 또 튼튼한 정도
를 정확한 수치로 얻기
위해서, 사람들은 거미
줄 측정 기계를 개발했
습니다. 이 기계에는 사

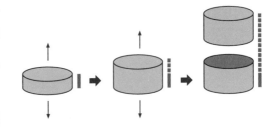

튼튼한 정도를 어떻게 비교할까?

끊어질 때의 힘 → 끊어진 부분의 넓이로 나눈다!
늘어난 길이 → 당기기 전의 길이로 나눈다!

람의 왼손과 오른손처럼 거미줄을 잡는 부분이 있습니다. 여기에 거미줄
의 양 끝을 걸고 기계를 작동시키면, 일정한 속도로 움직이면서 거미줄
을 당겨줍니다. 그리고 거미줄이 끊어질 때까지 당기면서, 거미줄의 '힘'
과 '늘어난 길이'를 실시간으로 컴퓨터에 기록해줍니다.

　이렇게 컴퓨터에 기록된 정보로 거미줄 간의 튼튼한 정도를 비교합니
다. 비교에서 가장 중요한 정보는 끊어지는 순간의 힘과 길이입니다. 거
미줄이 끊어질 때, 최대치에 해당하는 버티는 힘과 늘어난 길이를 보여
주기 때문입니다. 하지만 이 정보만 사용하여 거미줄을 비교하기엔 두 가
지 문제점이 있습니다.

　첫째는 거미줄의 굵기입니다. 아무리 약한 거미줄이라도 굵게 만들
수 있다면 튼튼하게 측정됩니다. 반대로 아무리 튼튼한 거미줄이라도 아
주 얇은 상태라면 금방 끊어질 수 있습니다. 따라서 이런 문제를 방지하
고자, 과학자들은 거미줄이 끊어질 때의 힘 수치를 끊어진 부분의 넓이

로 나누어서 비교합니다. 이렇게 함으로써 아무리 굵은 거미줄도, 또 아무리 얇은 거미줄도 똑같은 굵기 조건에서 그 힘을 비교할 수 있게 되었습니다.

둘째는 거미줄의 원래 길이입니다. 처음부터 긴 거미줄을 가져와서 당기면 끊기기 전까지 많이 늘어날 것입니다. 상대적으로 짧은 거미줄을 당기면 조금만 늘어나고 끊기게 될 것이기에 거미줄이 같은 조건에서 비교되었다고 말할 수 없습니다. 과학자들은 이를 해결하기 위해 거미줄이 늘어난 길이를 당기기 전의 원래 길이로 나눠서 그 수치를 비교에 사용하기로 했습니다. 이를 통해 아무리 긴 거미줄도, 또 아무리 짧은 거미줄도 똑같은 길이 조건에서 비교할 수 있게 되었습니다. 자, 비로소 '튼튼한 거미줄 만들기 대회'의 공평한 심판이 탄생했습니다.

 ## 너무 많은 거미 종류!

앞서 다윈의 나무껍질거미가 세계에서 가장 튼튼한 거미줄을 만든다고 설명했지만, 그보다 덜 튼튼한 거미줄을 만드는 거미들이 세상에는 아주 많이 있습니다. 세계 거미 카탈로그 홈페이지(https://wsc.nmbe.ch)에 들어가 보면 알 수 있듯이, 현재 지구상에는 약 4만 9,000종의 거미가 밝혀져 있습니다. 지금 이 순간에도 새로운 거미들이 계속 발견되고 있으며, 아직 밝혀지지 않은 거미들도 고려하면 지구상에 거미가 20만 종류는 있을 것이라고 과학자들은 추측하고 있습니다. 정말 놀라울 따름입니다. 이렇게 거미의 종류가 다양하다 보니 심지어 '거미학'이라는 학문 분야가 따로 있고, 거미학만 전문적으로 연구하는 과학자들이 있을 정도입니다. 거미학자들은 전 세계를 여행하며 새로운 거미를 발견하기 위한 노력을 부지런히 하고 있으며, 그 과정에서 다윈의 나무껍질거미도 발견된 것입니다.

거미가 만드는 거미줄의 종류도 다양해

거미의 종류만 해도 이렇게나 다양한데, 신기하게도 거미 하나가 만들 수 있는 거미줄의 종류도 6~7가지는 된다고 합니다. 특히 우리가 흔히 보는 거미집 안에서도 위치와 기능에 따라 거미줄의 종류가 다르다는 사실이 정말 흥미롭습니다. 거미집에서 큰 틀과 지지대를 구성하고, 나뭇가지나 벽과 같이 다른 부분에 고정되는 거미줄은 가장 튼튼한 종류입니다. 거미집 안에서 나선 모양으로 만들어져 있는

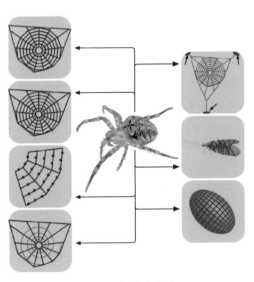

거미줄은 위치와 기능에 따라 종류가 다르다.

거미줄은 다른 곤충들이 부딪혀서 잡힐 때 그 충격을 견뎌야 하므로 특별히 잘 늘어나는 성분으로 만들어져 있습니다. 물론 곤충을 잡기 위해 풀처럼 끈적끈적한 접착력이 있는 거미줄도 나선 모양 부분 곳곳에 분포되어 있습니다. 암컷 거미는 알을 낳은 뒤에 외부 환경과 포식자로부터 알을 보호하고 숨기기 위해서 거미줄로 포장을 하는데, 이것도 틀을 만드는 거미줄이나 나선 모양 거미줄과는 다른 거미줄이랍니다. 수컷은 알을 포장하는 거미줄을 만들지 않는다는 점이 당연하면서도 아주 재밌습니다.

왜 튼튼함의 정도가 다를까?
살아가는 환경에 따른 진화

다시 다양한 거미와 거미줄의 종류에 관한 이야기로 돌아가겠습니다. 거미가 지구상에 약 4만 9,000종이나 밝혀져 있다니, 왜 이렇게 다양한 거미가 있는지 그 이유가 참 궁금해집니다. 그 거미들이 만드는 거미줄의 튼튼한 정도도 모두 다를 것이니, 그것도 어떤 이유가 있지 않을까요? 과학자들은 이에 대한 해답을 얻기 위해 각 거미가 어떻게 진화했는지, 또 어떤 환경에서 살고 있는지 살펴보았답니다. 그리고 아주 재미있는 결론을 얻을 수 있었습니다. 쉬운 설명을 위해 옛날 지구상에 처음 등장한 거미부터 가장 나중에 등장한 거미까지, 거미들을 '1단계 거미'부터 '4단계 거미'까지 단계별로 나누도록 하겠습니다.

1단계 거미

2단계 거미

3단계 거미

4단계 거미

1단계 거미의 경우, 우리가 흔히 '타란툴라'라고 부르는 크고 검은 거미가 포함되어 있습니다. 가장 먼저 지구상에 등장한 조상님 거미들이랍니다. 하지만 지금까지 멸종되지 않고 자신들에게 적합한 환경에서 살아가고 있습니다. 1단계 거미들은 주로 땅을 기어 다니며 살고 있습니다. 이들의 거미줄은 너무 약해서 예쁘고 튼튼한 거미집을 만들 수 없습니다. 그래서 거미 다리에 거미줄을 조금씩 붙이고, 그것을 이용해 땅 위에서 작은 곤충을 사냥해 먹기도 합니다.

2단계 거미들의 거미줄은 1단계보다 조금 더 튼튼해서 거미집을 지을 수 있습니다. 하지만 거미줄이 아주 많이 튼튼해진 것은 아니라서 예쁜 나선 모양으로 크게 만들 수는 없고, 아무렇게나 조그마한 모양으로 만들기 때문에 멀리서 보면 거미집이 솜뭉치나 먼지처럼 생기기도 했습니다.

3단계 거미들의 거미집은 2단계 거미들의 솜뭉치 집보다 크기도 조금 더 커지고 모양도 예뻐졌습니다. 그 이유는 거미줄이 더 튼튼해졌기 때문입니다. 나뭇잎 사이에 만든 거미집을 이용해 먹이를 잡아먹고 살아가는 것 외에도, 3단계 거미들은 거미줄을 특별한 목적으로 사용하기 시작합니다. 바로 '생명선'입니다. 영화 〈스파이더맨〉을 보면 스파이더맨이 건물에 거미

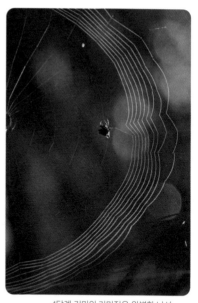
4단계 거미의 거미집은 완벽한 나선 모양으로 궤도 그물이라고도 부른다.

줄을 붙이고 점프를 해서 다른 건물로 이동하는 멋진 액션 장면을 볼 수 있습니다. 이와 비슷하게 실제 거미들도 거미줄을 이용해 바람을 타고 다른 곳으로 이사를 떠난다는 놀라운 행동이 발견되었습니다. 심지어 이사를 떠나기에 적절한 바람을 거미가 스스로 느낄 수 있다는 사실도 알려져 있습니다. 이런 목적으로 사용하는 거미줄을 생명선이라고 부르며, 따라서 생명선은 거미의 생명을 책임질 만큼 튼튼해야 하겠습니다.

4단계 거미들의 거미집은 완벽한 틀을 갖춘 나선 모양을 보입니다. 태양계에서 태양을 중심으로 지구와 같은 행성들이 돌고 있는 자리를 궤도라고 부르지요. 이 모습과 거미집의 모양이 비슷해서 그런지 거미학자

들은 이를 '궤도 그물'이라고 부릅니다. 궤도 그물을 만드는 4단계 거미들의 거미줄은 3단계 거미줄보다 더욱 튼튼해져서 나뭇가지 사이, 나무와 나무 사이에 길쭉하게 연결될 수 있습니다. 앞서 말한 '튼튼한 거미줄 만들기 대회'에서 세계 1위를 차지한 다윈의 나무껍질거미도 4단계 거미에 포함됩니다.

진화 단계가 낮다고 열등한 거미가 아니다!

이렇게 1단계 조상님 거미들부터 4단계 후세의 거미들까지 거미를 진화 순서에 따라 나누어 설명했지만, 1단계 거미가 4단계 거미보다 열등하다고 이해하면 안 됩니다. 이는 거미뿐만 아니라 다른 생명체도 마찬가지입니다. 많은 사람이 고대에 등장한 생물이 현대에 등장한 것보다 열등하다고 생각하는데, 이는 진화에 대한 심각한 오해입니다. 수많은 생명체가 지구상에 존재하는 이유는 거미들처럼 그저 다양한 세상의 환경에 적응한 결과일 뿐, 상대적으로 열등한 생물이나 우등한 생물은 절대 존재하지 않습니다. 그냥 먼저 세상에 나온 선배 생명체, 나중에 나온 후배 생명체가 있을 뿐입니다.

일반 대중이 과학과 진화에 대해 잘 모르는 것을 이용하여, 특정한 생물 종이 단지 옛날에 나타나서 열등하다고 말하며 그들을 무참히 죽이거나 멸종시키는 것을 합리화하는 나쁜 사람들이 있습니다. 우리는 이 강연을 듣고 난 뒤에 그것이 완전히 잘못된 논리라는 것을 알고 있도록 합시다. 과학 지식을 잘못된 방식으로 선동하는 사람에게 속지 않으려면, 과학을 공부해야 합니다.

애니메이션 영화 〈주토피아〉를 보면, 다양한 동물들이 생김새나 진화 단계에 상관없이 즐겁게 어울려서 행복한 동물 도시를 만들어나가는 모습이 참 재밌고 아름답다는 생각이 듭니다. 다양한 진화 단계의 거미들이 각자의 환경에 적

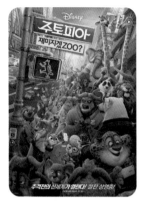

〈주토피아(zootopia)〉(2016)

응하여 살아가는 모습을 보며, 우리 인간들 또한 다른 인간들은 물론이거니와 지구상의 다른 생명체들을 존중하고 함께 살아가기 위해 더욱 노력해야 하지 않을까요?

비교 대 비교, 과학과 공학

이제 완전히 다른 이야기를 시작해볼게요. '다윈의 나무껍질거미가 만드는 거미줄이 아주 튼튼하다'라는 사실을 접하고, '그 튼튼한 거미줄을 많이 얻어서 총알이 쉽게 뚫지 못하는 방탄복을 만들면 어떨까?'라는 생각을 할 수 있습니다.

'과학'이란 단순한 호기심에서 출발하는 학문입니다. 그리고 '왜 다윈의 나무껍질거미 집은 이렇게나 클까?' '왜 그 거미는 마다가스카르에만 살까?' '왜 지구상에는 수많은 거미가 존재할까?'와 같은 질문들에 답을

하고자 그 증거를 찾아보는 '발견'의 학문이기도 합니다. 단순한 호기심을 해결하는 과정이기에, 이러한 질문에 답을 찾는다고 해서 돈을 많이 벌거나 하지는 않습니다. 물체들이 힘을 받았을 때 어떻게 움직이는지를 생각해보는 물리, 물체들의 구성 성분과 그들을 섞었을 때 일어나는 특이한 반응을 주제로 공부하는 화학, 생명체들의 행동과 진화 그리고 유전에 대해 고민하는 생명과학, 땅과 바다는 물론 더 나아가 우주까지 탐구하는 지구과학. 이러한 분야들이 모두 과학에 속합니다. 이를테면 앞서 말했던 '다윈의 나무껍질거미가 만드는 거미줄이 아주 튼튼하다'라는 사실도 바로 과학 연구의 훌륭한 발견입니다.

이와 달리 '공학'은 과학에서 발견된 사실을 이용하는 학문입니다. 과학적 발견을 사람들의 생활에 도움이 되도록 발전시키는 과정이기도 합니다. 주로 사람들이 사용할 제품이나 물건을 만들어내기 때문에 공학은 돈과 깊은 관련이 있습니다. '상품을 어떻게 좀 더 값싼 비용으로 생산할 것인가?' '상품을 얼마에 팔아야 할 것인가?'와 같은 문제 또한 공학자들에게는 중요한 숙제입니다. 전자제품을 만드는 전자·전기공학, 로봇과 드론을 만드는 기계공학, 옷감과 세제 등을 만드는 화학공학, 질병의 치료제를 만드는 생명공학, 문서 편집 프로그램·게임·인터넷 서비스를 제공하는 컴퓨터공학 등이 모두 공학의 범위에 포함됩니다. 그러므로 '그 튼튼한 거미줄을 많이 얻어서 총알이 쉽게 뚫지 못하는 방탄복을 만들면 어떨까?'라고 생각한 것은 매우 공학적인 질문이라고 할 수 있겠습니다.

거미줄의 공학적 응용
스파이더맨이 아니라 스파이더 대장균?

튼튼한 거미줄을 이용해 방탄복을 만드는 문제를 과학과 공학의 관점에서 좀 더 자세히 알아보겠습니다. '거미줄이 아주 튼튼하다'라는 사실 외에 다른 과학적 발견을 찾아보니, '거미는 성격이 포악해서 좁은 공간에서 서로 싸우고 잡아먹기 때문에 집단 사육이 어렵다'라는 내용이 나왔습니다. 그렇다면 다윈의 나무껍질거미를 많이 잡아다가 거미줄을 왕창 뽑아내게 하는 것은 어렵게 되었습니다. 실제로 영국의 빅토리아 앨버트 박물관에는 거미줄로 만들어진 예쁜 노란색 드레스가 전시되어 있습니다. 이 드레스를 만들기 위해 4년 이상의 시간이 걸렸고, 무려 1백만 마리 이상의 거미가 사용되었다고 합니다. 이렇게 만들어진 드레스는 예술품으로는 높은 가치를 가지겠지만, 들어간 돈과 시간을 고려했을 때 실제 거미줄로 방탄복을 제작하는 것은 너무 힘들고 비싸서 공학적으로 무의미하다고 볼 수 있습니다.

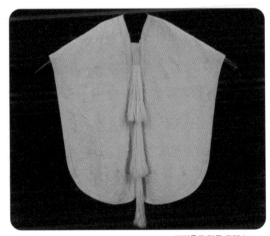

거미줄로 만든 드레스

하지만 아쉬워하기엔

이릅니다. 여기 '다른 생명체의 유전 정보를 대장균에 주입하면, 그 정보에 따른 새로운 성분을 대장균에서 생산할 수 있다'라는 또 다른 과학적 발견이 있습니다. 따라서 공학에서는 '거미의 거미줄 유전 정보를 대장균에 주입하여 거미줄 성분을 많이 생산하는 방식'으로 문제를 돌파하려고 시도하고 있습니다. 영화 〈스파이더맨〉에서는 주인공이 특수한 거미에 물리면서, 거미의 유전 정보가 몸속으로 들어와 거미줄을 뽑을 수 있게 됩니다. 단순히 이런 과정을 통해 사람이 거미줄을 만들 수 있게 될 가능성은 거의 없지만, 대장균에 유전 정보를 주입하여 관련된 성분을 생산할 수 있는 기술은 많은 실험을 통해 연구되고 있습니다. 스파이더맨이 아니라 '스파이더 대장균'을 만들 수 있다니 정말 흥미롭지 않나요?

'거미의 진화 단계에 따라 거미줄의 유전 정보가 밝혀져 있다'라는 과학적 발견도 있습니다. 단순히 인터넷을 검색하는 것만으로도, 미국 국립생물공학정보센터의 홈페이지(https://www.ncbi.nlm.nih.gov) 같은 곳에서 다양한 거미줄의 유전 정보들을 찾아낼 수 있습니다. 생물학 연구자들은 정보 공유를 중요하게 생각하기 때문에, 이러한 정보들을 무료로 인터넷에 공개하여 서로 나누고 있습니다.

공학에서는 '여러 진화 단계의 유전 정보를 조합하여, 맞춤형 거미줄을 만들 수 있게 되리라' 기대하고 있습니다. 예를 들면 거미줄을 약하게 만들려면 1단계 거미의 유전 정보가 많이 들어가도록, 튼튼하게 만들려면 4단계 거미의 유전 정보가 많이 들어가도록 조합할 수 있다는 뜻입니다. 이러한 공학적 시도가 바로 제가 하는 연구입니다. 다양한 거미줄의 유전 정보들을 모아서 비교하여, 각각의 특징과 튼튼한 정도를 파악하며 즐거움을 느끼고 있습니다. 아직 초기 단계일 뿐이지만, 앞으로 제 연구에 관심을 가지는 후배 연구자들이 더 큰 노력을 한다면, 실제로 스파이더 대장균이 만들어 낸 거미줄로 방탄복 생산까지 성공할 수 있을지도 모릅니다.

강연을 맺으면서

우리는 이 강연을 통해 먼저 마다가스카르에 사는 다윈의 나무껍질거미와 세상에서 가장 튼튼한 거미줄을 알게 되었습니다. 거미줄의 튼튼함과 잘 늘어나는 정도를 어떻게 같은 조건에서 측정하고 비교하는지도 알 수 있었습니다. 이어서 거미와 거미줄의 다양성에 대해 살펴보았습니다. 지구상엔 약 4만 9,000종의 거미가 존재하고 있으며, 각각의 거미는 6~7종류의 거미줄을 만들 수 있다는 것을 배웠습니다. 이렇게 다양한 종류의 거미와 튼튼함의 정도가 다른 거미줄은, 결국 거미가 진화를 거치며 다양한 환경에 적응한 결과물이라는 사실을 깨달을 수 있었습니다. 마지막으로 과학과 공학의 차이를 살펴보고, 거미줄과 관련된 과학적 발견을 공학적으로 응용하기 위해 어떤 방법으로 연구가 진행되고 있는지를 조금이나마 짚어 보았습니다.

앞으로 지나다니며 거미를 만났을 때, 오늘 강연에서 들었던 얘기들을 떠올려보세요. '이 거미는 진화적으로 몇 단계 거미일까?'와 같은 질문을 던지며 거미와 거미줄을 관찰해본다면, 거미를 조금 덜 무서워하면서 재밌게 바라볼 수 있지 않을까요? 거미를 포함하여 지구상의 다양한 생명체들이 오래오래 살아갈 수 있도록, 여러분이 생명체를 사랑하고 존중하는 마음을 가지길 바랍니다.

✚ 강연 후 질문 하나: 거미가 거미줄에 붙지 않는 이유는?

제가 찾아보았을 때, 거미가 거미줄에 붙지 않는 이유에 대해서 완벽한 답을 내린 연구는 아직 없는 것으로 보입니다. 다만 몇 가지 과학적인 증거들이 발견되고 있습니다. 첫째, 거미의 다리에서 거미줄에 붙지 않도록 특수한 물질을 분비하는 것으로 보입니다. 둘째, 거미의 다리에 사람의 맨눈으로는 확인할 수 없는 아주 특이한 미세 구조가 있고, 이 구조가 거미줄에 붙지 않도록 돕는 역할을 한다고 합니다. 성능이 좋은 전자 현미경으로 이 미세 구조가 관찰되었다고 합니다. 현재로서는 이 두 가지 이유가 복합적으로 작용하여 거미가 거미줄에 붙지 않는다고 볼 수 있습니다.

감사의 글

거미줄을 연구할 수 있도록 많은 도움을 주셨던 포항공과대학교 차형준 교수님과 인하대학교 양윤정 교수님께 깊은 감사를 전합니다. 또한 칠곡군립도서관에서 재능 기부 강연을 할 수 있도록 기회를 주셨던 '10월의 하늘 준비위원회'에도 감사드리며, 앞으로도 여건이 허락하는 범위에서 매년 10월마다 도움을 드릴 수 있도록 노력하겠습니다.

정두엽

경북과학고를 졸업하고 포항공과대학교 화학공학과에서 학사와 박사학위를 취득하였다. 대학원에서는 생물화학공학을 세부 전공으로 정하여 거미줄의 유전 정보를 컴퓨터를 이용해 수집, 비교, 분류, 응용하는 생물정보학 연구를 수행하였다. 현재는 한국과학기술기획평가원에서 일하며 우리나라 연구개발 사업의 예산 조정 업무를 수행하고 있으며, 여가 시간에는 노래 부르기와 여행을 즐긴다. 앞으로도 '10월의 하늘'을 통해 미래의 과학자들을 만나고 싶다.

저는 7년 된 고양이 친구 '하루'와 함께 살고 있습니다. 이 친구는 요령 좋게 집 안에서 가장 편안한 자리들만 찾아다니며 잠을 즐깁니다. 집에서 문득 뒤통수가 따가워서 뒤돌아보면 저만 뚫어져라 보고 있습니다. 같이 놀려고 눈을 마주하면 방으로 뛰어 들어가 버리고, 일부러 무시하듯 시선을 거두면 방에서 나와 제 다리에 몸을 비비며 놀아달라고 합니다. 그로 인해 웃을 수 있어 고맙기도 하고, 때로는 하루의 시선을 애써 외면해야 했기에 미안하기도 합니다. 가끔은 저보다 먼저 세상을 떠나갈 날이 생각나 슬프기도 합니다. 하루와 많은 날을 함께 지냈습니다. 하지만 아직도 하루의 말과 행동이 무엇을 뜻하는지, 온전히 이해하기 어려운 순간이 많습니다. 겁쟁이 하루, 애교쟁이 하루, 먹보 하루, 잠탱이 하루. 다양한 모습을 가진 고양이 친구와 건강하고 행복한 삶을 살기 위해 지금부터 고양이의 특성에 대해 알아보겠습니다.

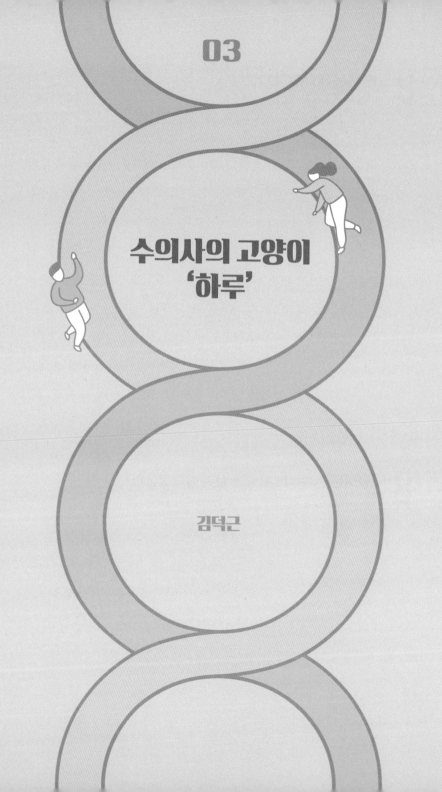

수의사의 고양이
'하루'

김덕근

고양이는 개와 많이 다르다

인명 구조 고양이, 마약 탐지 고양이, 양치기 고양이, 썰매 끄는 고양이. 왠지 어색하지 않나요? 굳이 고민하지 않더라도 자연스럽게 고양이라는 단어를 개로 바꾸면 적절하겠다고 많은 사람이 생각할 것입니다. 고양이와 개는 무척 다르지만, 고양이한테서 개에게 어울리는 모습을 기대하는 경우를 자주 보게 됩니다. 예를 들어 어떤 사람들은 원반을 던지면 낚아채서 보호자에게 가져오거나, 복종 훈련을 받아서 말을 잘 듣는 고양이를 원하기도 합니다. 이러한 고양이가 절대로 없다고 말할 수는 없지만, 일반적으로 고양이한테서 기대하기 힘든 부분입니다. 그래서 사람들은 고양이에게 실망하기도 하고, 고양이는 자신의 모습을 이해하지 못하는 보호자 때문에 힘들어하는 일이 발생합니다. 이 때문에 고양이를 돌보기 이전에 고양이를 이해하고 공부하는 일이 꼭 필요합니다.

 ## 고양이는 언제부터 사람과 함께 살아왔을까?

고양이는 자신이 사는 공간에 애착을 가진 영역 동물입니다. 야생의 암컷 고양이의 경우 대략 2킬로미터 정도를 영역으로 가지며, 다른 암컷 고양이가 들어오는 것을 허락하지 않습니다. 하지만 서식 환경이 좁아진 현대 사회에서는 좁은 공간에 여러 암컷 고양이가 모여서 군집을 이루기도 하고, 먹이만 풍부하다면 공동 육아를 하기도 합니다. 또한 고양이는 수천 년 전부터 인류와 함께 살아오고 있습니다. 이런 사실을 보면 고양이는 영역 동물인 동시에 사회적 동물이라고 볼 수 있습니다.

고양이는 대략 기원전 1500년에서 2000년 사이에 이집트인들에게 길들여졌다고 오랫동안 알려져 왔습니다. 왜냐하면 이집트에서 기원전 1500년 이전으로 추정되는 그림이 발견되었는데, 거기에 고양이가 나오기 때문입니다. 그러다가 근래에 들어 아프리카, 아시아, 유럽에 사는 들고양이와 집고양이 간의 DNA 비교를 통해 새로운 주장이 나왔습니다. 바로 1만 년에서 1만 5,000년 전 사이에 고대 문명의 발상지인 '비옥한 초승달 지대'에서 집고양이가 길들여지지 않았느냐는 주장입니다. 다만 그 유전적 차이가 개처럼 인간에게 길들여진 다른 동물에 비해 크지 않으며, 크기와 형태처럼 외형적인 모습 또한 큰 차이가 없어서 여전히 들고양이와 집고양이는 같은 종이라고 보는 연구자들도 존재합니다. 그리고 지중해의 섬나라 키프로스의 히로키티아에 있는 유적지에서 기원전 6000년 전후로 추정되는 집고양이 뼈가 발견된 것을 보면, 적어도 기원전 2000년 이전부터 고양이와 사람이 함께 살았던 것으로 보입니다.

고양이는 어떻게 세상을 이해할까?

소통에는 발신자와 수신자가 필요합니다. 발신자는 명확하고 이해할 수 있게 메시지를 보내야 하며, 수신자는 그 메시지를 잘 해석해야 합니다. 고양이와 사람 간의 관계도 마찬가지입니다. 따라서 고양이를 잘 이해하려면 고양이가 어떻게 주변의 메시지를 수신하고, 자신의 메시지를 보내는지 관찰하고 해석할 필요가 있습니다.

✚ 고양이의 시각

육식 동물인 고양이에게 눈은 매우 중요한 기관입니다. 비록 0.2~0.3으로 추정되는 근시지만, 동체 시력은 매우 뛰어나서 움직임에 민감하게 반응합니다. 즉, 가만히 있는 것은 잘 보지 못하더라도, 다른 포식자처럼 먹잇감의 움직임에는 빠르게 반응합니다. 또한 시야도 사람보다 더 넓습니다. 사람의 전체 시야는 180도인데, 고양이의 경우 전체 시야가 287도

사람과 고양이의 시야

사람의 시야   고양이의 시야

나 됩니다. 이 넓은 시야 안에서 생
긴 움직임은 고양이의 관심을 끌게
됩니다. 그러면 고양이는 그쪽으로
시선을 고정하게 됩니다. 다만 근시
여서 형태나 색깔을 인지하는 능력
은 떨어집니다. 그래서 무언가 움직

고양이는 작은 움직임에도 민감하게 반응한다.

임을 멈추고 꼼짝도 하지 않는다면 그것이 바람에 날려온 낙엽인지, 먹
잇감이 움직이지 않는 것인지 구별하기 어렵습니다. 그래서 한동안 가만
히 응시하다가 움직임이 다시 시작되는 것 같으면 덮치게 되고, 그렇지
않으면 관심을 끄게 됩니다. 이렇게 움직임에 아주 예민한 눈을 가지고
있으므로, 고양이들은 몸을 움직이는 모양이나 걸음걸이를 통해 서로의
의도를 파악할 수 있습니다. 예를 들어 꼬리를 세우고 편안하게 있으면
기분이 좋은 상태이고, 반대로 털을 세우고 게처럼 옆으로 걷는다면 깜
짝 놀라거나 흥분한 상태입니다. 그리고 꼬리를 ∩자 모양으로 하면서 털
을 부풀린다면 공격하기 직전일 수도 있습니다.

✚ 고양이의 행동

고양이를 이해하고자 한다면, 고양이가 자신의 신체를 통해 보내는
메시지를 잘 파악할 필요가 있습니다. 사람들이 흔히 오해하는 것 중 하
나가 고양이가 꼬리를 좌우로 심하게 흔들 때입니다. 개는 기분이 좋으면
꼬리를 흔들면서 다가오는데, 고양이도 똑같다고 생각하다가 다치는 경

머리를
높임

꼬리를
위로 향하고
부풀리지 않음

반가움

꼬리를
직선으로
아래로
떨어뜨림

공격적

꼬리를
아래로
구부리며
부풀림

방어적

꼬리를
위로
향하고
부풀림

두려움

고양이의 행동에 따른 감정 상태

우를 종종 보게 됩니다. 고양이는 보통 기분이 안 좋거나 흥분할 때 꼬리의 움직임이 커지니까 개랑 착각하면 큰일 납니다. 예를 들어 고양이가 먼저 다가와서 쓰다듬어 주면 좋아하다가도 갑자기 손을 물고 도망가는 경우가 있습니다. 고양이가 긴장을 풀고 마음이 편안하면 오래 쓰다듬을 수 있지만, 고양이를 구속하고 불안하게 하거나 겁먹게 만드는 것이라면 무엇이든 자극이 될 수 있습니다. 처음에는 쓰다듬는 것을 좋아하다가 갑자기 접촉이나 구속을 참지 못하고 싫다고 표현합니다. 대개는 '가르르'거리는 소리를 멈추고, 꼬리를 좌우로 흔드는 폭이 커지고 속도가 빨라집니다. 고양이가 불편함을 호소하는 것입니다. 이때 쓰다듬는 것을 멈추고 고양이가 하고 싶은 대로 떠나게 내버려 두면 좋은데, 대다수의 경우 이러한 신호를 놓치게 됩니다. 불편해진 고양이는 결국 공격이라는 최후의 수단을 동원하게 됩니다. 신호가 보이면 곧장 멈추세요!

고양이의 행동을 파악할 때 공식처럼 한 가지 행동이 한 가지 의도 또는 감정만 표현한다고 생각해서는 안 됩니다. 예를 들어 고양이를 꼭

꺼안고 있을 때 꼬리의 움직임이 점점 커진다면 그 상황이 불편해지는 것일 수도 있지만, 장난감으로 놀아주고 있을 때는 점점 더 놀이에 빠져들면서 흥분하는 것일 수도 있습니다. 즉, 상황과 함께 고양이의 행동을 파악할 필요가 있습니다. 또한 눈과 귀의 모습도 함께 보면 더 정확하게 고양이의 의도를 알 수 있으니 잘 관찰해주세요.

예를 들어 고양이가 쉴 때는 귀를 약간 앞쪽으로 세우고 있습니다. 별다른 감정이 없는 상태로 보시면 됩니다. 그러다가 자극이 생기면 고양이가 집중하게 되고 주의를 끄는 쪽으로 귀가 향합니다. 만약 앞쪽에서 이상한 소리가 나면 귀는 앞쪽을 향하게 됩

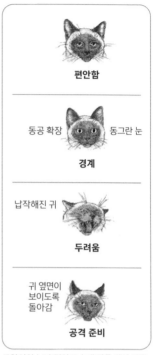

편안함

동공 확장 ／ 동그란 눈

경계

납작해진 귀

두려움

귀 옆면이 보이도록 돌아감

공격 준비

고양이의 눈과 귀의 모습에 따른 감정 상태

니다. 반대로 귀가 뒤쪽으로 젖혀지는 모습은 좋은 않은 신호입니다. 짜증이 나거나 두려움을 느낄 때 나타나는 모습입니다. 보통 머리를 약간 집어넣어 궁지에 몰린 듯한 자세를 취합니다. 물론 일부 놀이와 같은 상황에서는 흥분 때문에 귀를 뒤로 젖히기도 합니다. 그래서 주변 상황을 함께 고려하는 것이 가장 중요합니다. 더 심하게 귀를 완전히 뒤로 젖히는 고양이를 만난다면 절대로 가까이 다가가면 안 됩니다. 극도의 공포 상태이거나 화를 내기 직전의 상황으로 보면 됩니다.

✚ 고양이의 청각과 울음소리

고양이는 눈뿐만 아니라 귀도 예민한 편입니다. 사람의 경우에는 20Hz~20KHz의 주파수를 들을 수 있지만, 고양이는 60Hz~65KHz의 높은 주파수도 들을 수 있습니다. 따라서 먹잇감으로 생각하는 새나 쥐의 움직임으로 생기는 작은 소리까지 감지할 수 있습니다. 사실 고양이는 태어난 직후에는 잘 들을 수 없습니다. 태어나서 2주일 정도가 지나면 눈이 보이고, 귀도 들리게 됩니다. 이렇게 새끼 때는 보통 도움이 필요할 때 어미나 보호자를 부르기 위해 작게 웁니다. 그러다가 다 자라면 다양한 이유로 울게 되는데, 울음소리를 통해 고양이의 감정을 아는 것은 다른 행동보다는 비교적 파악하기 쉬운 편입니다. 주로 억양을 통해 의도를 표현하기 때문입니다. 예를 들어 '하악'거리면 무섭거나 공격하기 직전의 상황일 것입니다. 시각적인 자극까지 함께 생각한다면 보통 동공을 크게 하고 귀를 뒤에 바짝 붙이고 털을 세우면서 '하악'거리고 있을 가능성이 큽니다. 대개는 낯선 고양이를 발견하거나 집에 원치 않는 손님이 있을 때 볼 수 있습니다.

처음 고양이를 키우는 사람들이 걱정하는 대표적인 소리가 골골거리는 소리입니다. 마치 경운기의 모터가 돌

고양이는 울음소리로도 감정을 표현한다.

아가는 소리처럼 들리는데, 고양이 몸에 손을 대면 실제로 진동이 느껴지기도 합니다. 주로 편안하고 기분이 좋을 때 발생하는 소리입니다. 이 소리는 고양이의 신체 특성에서 기인하는데, 긴장을 풀고 있으면 동맥의 혈압이 낮아져서 횡격막 부위에 있는 대정맥의 혈류량이 불규칙해집니다. 이런 변화가 기관에 진동을 만들어서 골골거리는 소리처럼 들리게 됩니다.

걱정을 끼치는 또 다른 소리는 깍깍거리는 듯한 소리입니다. 대개는 창밖에 새가 날아와 앉아 있을 때 새를 바라보면서 소리를 냅니다. 동시에 한참 응시하다가 엉덩이를 씰룩 움직이고 새를 향해 달려갑니다. 보통 사냥할 때 나타나는 행동이며, 일반적으로 사냥을 한 번도 한 적이 없는 집고양이의 경우 놀이 행동의 한 종류로 나타나는 편입니다.

그리고 소리를 내는 것은 아니지만 헉헉거리면서 숨을 쉬는 경우가 있습니다. 대개 신나게 뛰어서 힘들거나, 무섭고 불안한 상황에 부닥쳤을 때 헉헉거리게 됩니다. 더운 여름철에는 너무 더워서 헉헉거리기도 합니다. 이 경우 방을 시원하게 하거나, 안전한 곳에서 편하게 있도록 하면 5~10분 정도 시간이 지난 후에 정상적으로 돌아오게 됩니다. 그런데 이 이상으로 헉헉거리면서 숨을 쉬면 호흡 곤란일 수도 있으니 동물병원에 가보는 게 좋습니다.

또한 짧고 강하게 반복해서 우는 경우에는 무엇인가를 요구하는 상황일 가능성이 큽니다. 이것도 상대와의 관계나 처한 상황에 따라 다르므로 공식처럼 생각하는 것은 옳지 않습니다. 마지막으로 의외로 고양이는 아플 때 아무 소리도 내지 않습니다. 새우잠을 자듯이 몸을 웅크리거나 꼼짝도 하지 않는 경우가 더 많습니다. 고양이가 평소와 다르게 조용히 있으면 주의할 필요가 있습니다.

✚ 고양이의 후각

개만큼은 아니지만, 고양이도 사람보다 매우 발달한 후각을 가지고 있습니다. 고양이가 잠들면 집 밖에서 큰 소음이 들려도 신경 쓰지 않는데, 부엌에서 간식 캔을 따기만 하면 갑자기 달려 나온다는 이야기를 들을 때가 있습니다. 많은 보호자가 경험하는 일입니다. 그만큼 멀리서 풍기는 냄새도 잘 구별할 수 있는 것이 고양이랍니다. 다만 잘 발달한 후각 때문에 곤란한 상황에 부닥치는 일도 있습니다. 예를 들어 한 집에 여러 마리의 고양이가 살고 있는데, 한 마리만 동물병원이나 특정 장소에 오래 머물다가 집으로 돌아갑니다. 그러면 다른 고양이들이 낯선 냄새 때문에 집으로 돌아온 고양이를 공격적으로 대하는 경우가 있습니다. 원래는 사이가 좋았지만 낯선 냄새가 신경 쓰이는 탓입니다. 물론 대다수는 시간이 지나면 괜찮아지는데 때로는 사람의 개입이 필요할 때도 있습니다.

또한 고양이는 페로몬이라는 특별한 물질을 분비해서 서로 간의 영역을 표시하기도 합니다. 정확히 말하면 페로몬을 냄새라고 보기는 어렵습니다. 냄새는 코의 점막에서 감지하는데, 페로몬은 서골코기관에서 감지하기 때문입니다. 이 서골코기관은 인간에게는 퇴화한 기관인데, 고양이의 콧속 바로 아래에 존재하며 윗앞니 바로 뒤쪽 구멍을 통해 연결되어 있습니다. 그래서 인간은 감지할 수 없지만, 고양이는 감지하는 물질이 페로몬입니다. 고양이가 얼굴로 쓱 문지르고 지나가는 등의 행동이 페로몬을

고양이는 얼굴을 통해 페로몬을 묻힌다.

묻히는 행동이라고 보면 됩니다. 보통 친근함을 느낄 때 이런 행동을 하게 됩니다. 이러한 분비물은 얼굴 외에 꼬리 등 다른 위치에서도 나오지만, 얼굴에서 가장 많이 나오기 때문에 얼굴을 문지르는 모습을 자주 볼 수 있습니다.

고양이가 꼬리를 똑바로 세우고 특정 대상에게 다가가서 턱에서부터 머리를 비비기 시작하여 입에서 귀밑까지 비빈다면, 기분이 좋다는 신호인 동시에 친근하다는 표시입니다. 이렇게 머리를 문지르면서 페로몬을 묻힙니다. 그리고 이러한 행동을 책상이나 의자 같은 가구에 한다면 자신의 영역이라고 표시하는 것입니다. 혹시 돌보는 고양이가 영역 표시를 하지 않는다면 주의 깊게 관찰해주세요. 아주 어린 고양이라면 하지 않을 수도 있지만, 다 큰 고양이라면 현재 있는 환경이 불편해서 스트레스를 받는 상황일 수도 있습니다.

고양이에게 영역 표시는 아주 중요한 행동이며 종류도 다양합니다. 얼굴, 소변, 발톱 사용, 항문샘 비우기 등을 통해서 영역을 표시하는데,

시각적·후각적인 방법을 동시에 이용합니다. 얼굴을 통해서 하는 영역 표시는 세 가지가 있습니다. 각각 다른 기능이 있습니다. 물건에 하는 영역 표시는 앞서 언급한 대로 자기 영역이라고 선포하는 것입니다. 상대에게 하는 영역 표시는 친근함에 대한 표시이며, 중성화 수술을 하지 않은 고양이가 물건이나 가구에 소변을 보기 직전에 하는 얼굴 비비기는 성적인 표현입니다. 반면에 소변, 발톱, 항문샘을 이용한 영역 표시는 경고의 의미가 있습니다. 따라서 이런 영역 표시를 자주 하는 고양이의 경우 현재 심리 상태가 불안정할 가능성이 크므로, 주변 환경에 대한 관리가 필요할 수 있습니다.

✚ 고양이의 촉각

촉각도 고양이에게 중요한 감각입니다. 고양이는 피부나 털의 감각이 매우 예민해서, 털에 이상한 것이 조금만 묻어도 온종일 몸단장을 할 정도입니다. 특히 다른 털보다 더 길고 두꺼운 수염과 눈썹을 통해 주변 공간을 세심하게 파악합니다. 이 털들은 공기의 작은 움직임에도 민감하게 반응하며, 주변의 물리적인 정보를 파악하는 데 도움을 줍니다. 그래서 일부 사람들은 촉각 기능 때문에 고양이의 수염을 '감각모'라고 부르기도 합니다. 고양이는 움직이지 않는 것을 정확하

고양이는 수염과 눈썹을 통해 주변을 파악한다.

게 인지하기 어렵지만, 수염을
통해 장애물을 빠르게 파악해
서 피하며 걸을 수 있습니다. 그
래서 수염이 없어지면 고양이는
균형을 잡는 데 약간 불편해할
수 있습니다. 가끔 고양이가 가
스레인지에 다가갔다가 수염을

고양이는 피부와 털의 감각이 예민해서
항상 몸단장을 한다.

태워 먹거나, 다른 털처럼 수염이 빠져서 걱정하는 분들을 만나기도 합
니다. 보통은 다시 자라나서 본래의 역할을 하게 되므로 걱정하지 않아
도 됩니다.

　고양이가 자기 털을 고르게 다듬고 손질하는 것을 '그루밍'이라고 합
니다. 고양이끼리 서로 몸단장을 해주는 것도 친근함의 표시입니다. 역시
나 사람에게 다가와서 얼굴을 핥아주거나, 몸을 비비는 것도 같은 의미
라고 생각하면 됩니다. 만약 고양이가 몸단장을 하지 않아서 털에 윤기
가 없고 기름지고 얼룩져 보인다면, 신체적으로나 정신적으로 문제가 있
을 가능성이 큽니다. 예를 들어 관절염이 심한 고양이는 잘 움직이지 않
으려고 해서 몸단장에 소홀해지게 됩니다. 또한 함께 지내던 고양이나
사람을 잃는 큰 충격을 받으면, 일부 고양이는 사람처럼 우울증으로 추
정되는 상태에 처하게 됩니다. 이런 상황에서도 몸단장을 잘 하지 않을
수 있습니다. 따라서 털 상태에 문제가 생긴다면 고양이를 잘 살펴봐야
합니다. 이와 반대로 털이 빠지거나 피부에 상처가 생길 정도로 너무 많

이 몸단장을 하는 것도 문제입니다. 심한 스트레스 상황에 부닥쳐 있거나, 알레르기나 강한 통증을 느낄 때 특정 부위에 집착하여 몸을 핥거나 긁게 됩니다. 이런 경우 역시 고양이가 불편함을 호소하고 있는지 확인이 필요합니다.

잘 관찰해야 잘 이해할 수 있다

라이너 마리아 릴케는 '인생에 고양이를 더하면 그 힘은 무한대가 된다'라고 말했습니다. 아마 고양이와 함께하는 삶의 행복을 의미하겠지요. 다만 고양이와 함께하는 모든 사람이 꼭 행복하지 않을 수도 있습니다. 고양이를 이해하고 제대로 소통할 수 있어야 서로에게 위안을 얻고 힘을 주겠지요. 결국 고양이와 행복하게 잘 지내려면 잘 이해하는 것이 가장 중요합니다. 물론 잘 먹여주고 놀아주면서 기본적인 욕구를 채워주어야 한다는 점도 중요하지만, 서로를 잘 이해하기 위해서는 함께하는 고양이를 잘 관찰하는 것도 필요합니다. 고양이를 진료하는 수의사로서 제가 하는 일도 사실 매일 관찰하는 것입니다. 관찰해야 이해할 수 있습니다. 관심이 있다면 끊임없이 관찰해주세요. 그것이 가장 중요합니다.

이번 강연으로 고양이에 대해서 모든 것을 알 수는 없겠지만, 고양이를 이해하는 첫걸음이 되었으면 합니다. 요즘 반려동물로 고양이에 관심을 가진 사람이 많이 늘어나고 있습니다. 여러분 중에서 고양이를 키우는 것을 고민하는 사람이 있다면, 고양이와 함께 행복하게 지낼 준비가 되어 있는지 스스로 물음을 던져봤으면 합니다. 그리고 고양이를 키우게 된다면, 정말 고양이를 잘 이해해서 진심으로 소통할 수 있게 되면 좋겠습니다.

함께 사는 고양이 친구 '하루'

김덕근

서울대학교 수의학과 졸업. 현재 동물병원에서 고양이 진료를 보며, 매일매일 고양이를 관찰하고, 이해할 수 없는 모습들에 괴로워하며 오늘도 부족함에 할 수 있는 것은 공부밖에 없다고 생각하는 임상 수의사. 그리고 세상에서 제일 어려운 고양이는 집에 사는 친구 '하루'라고 생각하는 바보 수의사.

동물을 연구하는 학자들은 분류학을 아주 중요하게 여깁니다. 새로 발견한 동물을 생물 분류 계통도 어디에 포함시킬 것인지 심혈을 기울여 연구합니다. 이와 함께 동물학의 한 분야로 동물행동학이 있습니다. 동물이 왜 그런 행동을 하는지 추론하는 아주 흥미로운 분야입니다. 동물의 행동을 이해하는 일은 인간을 이해하는 일과도 연결되어 있습니다. 결국 인간도 동물이니까요. 아프리카에 가서 야생동물을 직접 관찰한 이야기를 통해 동물행동학에 대해서 알아보겠습니다.

04

아프리카에서 직접 만나는 동물행동학의 세계

이지유

가자, 아프리카로!

　2018년 12월, 저는 〈동물의 왕국〉에 나오는 동물을 눈으로 직접 보기 위해 탄자니아의 세렝게티로 날아갔습니다. 물론 에티오피아의 수도 아디스아바바를 거쳐 탄자니아의 킬리만자로 공항에 도착하기까지 20시간이 걸렸고, 탄자니아 제2의 도시인 아루샤에서 하룻밤을 자고, 다음날 3시간 넘게 차를 타고 세렝게티에 입성했으니, 꼭 날아서 간 것만은 아닙니다.

　세렝게티 국립공원은 경기도 면적보다 훨씬 넓습니다. 대부분의 지역은 탄자니아에 속해 있고, 북쪽으로는 케냐의 남부 마사이마라 지역까지 뻗어 있습니다. 건기가 되면 드넓은 세렝게티에서 오직 마사이마라 지역

검은꼬리누 떼의 대이동

에만 물이 남아 있어서, 200만 마리에 이르는 이동성 야생 동물이 우글
우글 그쪽으로 모여듭니다. 우기가 시작되는 12월은 마사이마라에 모여
있던 검은꼬리누, 얼룩말, 버팔로와 같은 초식 동물들이 풀을 찾아 남쪽
으로 이동하는 시기이며, 간혹 성격이 급한 무리는 이미 남쪽으로 내려
와 새로 돋아난 풀을 먹고 있기도 합니다.

✚ 응고롱고로 칼데라

아루샤에서 세렝게티로 가려면 반드시 응고롱고로 칼데라 옆을 지나
가야 합니다. 응고롱고로는 오래전에 생겨난 칼데라로, 칼데라 둘레의
고도는 3,000미터에 이르지만, 그곳을 넘어 칼데라 안으로 들어가면 바
닥의 높이가 2,300미터에 불과합니다. 수백 미터의 고도 차와 칼데라 둘
레의 급격한 경사 때문에 응고롱고로 안은 바깥과 구분되어 독립된 생태
계가 구성되어 있습니다. 칼데라 내부에 사는 동물은 굳이 험한 산을 넘
어 밖으로 나가려 하지 않는데, 그 이유는 칼데라 안에는 늘 물이 있어
낙원과도 같기 때문입니다. 물론 초식 동물은 사자나 하이에나 같은 포
식자가 언제 사냥하러 올지 몰라 긴장의 끈을 놓을 수 없지만, 칼데라
바깥세상과 비교하면 여유가 있는 편입니다.

반면 칼데라 안에 사는 동물들은 유전자 풀이 다양하지 않아서, 경
우에 따라 유전적 질환이 더욱 강화될 수도 있습니다. 또 칼데라의 지리
적 구조가 너무나 잘 알려진 탓에, 삼엄한 경비에도 불구하고 동물들은
밀렵꾼의 표적이 되기 쉽습니다. 응고롱고로 국립공원의 입구에는 거대

응고롱고로 칼데라의 풍경

한 코뿔소 머리 장식물이 붙어 있는데, 이곳에 사는 코뿔소가 2018년 당시 13마리에 불과하다는 점을 떠올리면 밀렵꾼이 얼마나 기승을 부리는지 짐작할 수 있습니다. 임신 기간이 길고 새끼를 돌보는 기간도 긴 코뿔소는, 뿔을 노리고 작정하고 달려드는 밀렵꾼이 있는 한 멸종을 면하지 못할 것입니다.

응고롱고로에서 세렝게티로 가는 길에 운 좋게 기린 떼를 만났습니다. 기린은 태어나자마자 키가 180센티미터에 이르고 날마다 무럭무럭 자라 성체가 되면 5미터가 됩니다. 다리만 2미터고 심장에서 목까지 2.5미터에 이릅니다. 기린들은 차 앞을 유유히 지나가지만, 당연히 제가 앉은 자리에선 기린의 다리만 보입니다. 긴 다리는 한 번도 상상해 본 적이 없는 방식으로 차를 가로질렀고, 기린을 좀 더 자세히 보려고 창밖으로 머리를 내밀어 보니 기린의 아랫배가 추울렁 추울렁 좌우로, 또는 앞뒤로 흔들리며 지나갑니다. 공룡이 움직이는 장면을 가까이서 보면 분명 이와 유사할 것입니다.

고개를 쳐들고 기린의 머리를 보니 심장에서 머리까지 피가 가려면 정말 힘들겠다는 생각이 들었습니다. 정말 깁니다. 11킬로그램에 달하는 기린의 거대한 심장은 2.5미터 위에 있는 머리로 피를 보내기 위해 매우 강하게 펌프질을 합니다. 그래서 기린은 혈압이 매우 높아 인간의 2배 정도 됩니다. 기린의 목과 머리 사이에는 혈관이 가늘어져 다발을 형성하고 있습니다. 심장에서 강하게 뿜어져 나온 피가 모세혈관 다발을 지나면서 압력이 줄어들기 때문에, 기린은 혈압이 높아도 뇌출혈을 걱정하지 않아도 됩니다. 이 모세혈관 다발을 '원더네트(wonder net)'라고 합니다.

✚ 세렝게티 국립공원

세렝게티 국립공원의 입구는 누가 말해 주지 않으면 그냥 지나칠 정도로 초라합니다. 나무를 시옷 모양으로 세워 문을 만들고, 그 문을 중심으로 울타리 삼아 막대기를 100미터 간격으로 땅에 꽂아 놓은 것이 전부입니다. 세렝게티의 사바나에서 차에서 내려 다니는 것은 불법이고 지평선까지 풀 말고는 아무것도 없는 땅에서 혼자 걸어야 할 이유는 전혀 없으므로, 이런 울타리는 인간에게 아무런 경고가 되지 않습니다. 물론 동물에게도 아무런 제약이 되지 않습니다. 이렇게 철조망도 없는 울

세렝게티 국립공원의 간판

타리가 필요한 이유는, 이곳을 감시하는 사람이 있다는 것을 보여주는 상징이기 때문입니다. 감시당하고 있다는 느낌을 받아야 할 대상은 당연히 밀렵꾼들입니다.

세렝게티에 있는 동안 날마다 사자가 사냥하는 장면을 보았고, 800킬로그램에 달하는 버팔로가 인간보다 10배나 큰 폐에서 코로 내뿜는 강력한 수증기를 보았으며, 새끼 세 마리를 거느린 치타가 사냥하러 떠나는 장면을 보았습니다. 나무 위에 늘어지게 누워 있는 표범과, 물속에서 둥글게 무리 지어 휴식을 취하는 하마들과, 지평선까지 채운 10만 마리에 이르는 검은꼬리누와 얼룩말을 보았습니다. 건강하고 아름다운 야생 동물을 보는 동안 줄곧 머리를 떠나지 않는 생각이 있었습니다.

"지구의 주인은 인간이 아니다."

콘라트 로렌츠와 제인 구달

제가 이곳에 간 이유는 단순히 야생동물을 구경하기 위해서가 아니라 책을 쓰기 위해서였습니다. 전 오랜 기간 동물에 대해 책을 쓰려고 준비하고 있었고, 그 과정에서 오른손이 부러져 왼손으로 동물을 그리고, 동물에 대한 간단한 설명을 곁들여 단행본을 출간한 상태였습니다. 전 거기에서 그치지 않고 동물에 대해 좀 더 깊이 있는 책을 쓰고 싶었습니다. 이런 결심을 한 데는 8년 가까이 우리 집 마당에 밥을 먹으러 오는 고양이를 관찰한 일이 큰 동기가 되었습니다. 5대에 걸친 고양이들의 가계도를 그리면서, 책이나 다큐멘터리에서 본 고양이에 대한 상식은 말 그대로 일반적인 상식일 뿐, 고양이 한 마리 한 마리의 구체적인 행동에 대해서는 아무런 답을 줄 수 없다는 점을 깨달았습니다.

8년 동안 끈기를 가지고 고양이들을 꾸준히 관찰한 결과, 대를 이어 전달되는 고양이들의 행동 양식이 외적 환경에 따라 다른 행동 양식으로 바뀌거나 중단되기도 하고, 새로운 행동 양식이 생겨나기도 하는 것을 확인했습니다. 이것이 바로 동물행동학을 연구하는 학자들이 일하는 방식입니다. 말이 통하지 않는 동물을 연구하려면 그림자처럼 따라다니며 관찰하는 것 말고는 딱히 다른 길이 없습니다. 자신을 드러내지 않으면서 관찰하고자 하는 동물이 있는 그대로의 모습이 드러나도록 하는 것, 전혀 예상치 못한 행동을 보일 때 동물이 왜 그런 행동을 하는가에 대한 이유를 적합한 자료 비교와 합리적인 추론으로 밝혀내는 것, 이것이 바로 동물행동학입니다.

동물행동학은 20세기 초, 그러니까 비교적 최근에 생겨난 학문입니다. 동물학의 한 분야로 동물의 생태, 습성, 학습 방법 등 동물의 행동이 진화학과 유전학의 관점에서 어떤 의미가 있는지 연구합니다. 연구의 기본은 치밀한 관찰로, 반드시 야생에서 살고 있는 동물을 관찰해야 합니다. 동물은 동물원이나 실험실처럼 인간이 환경과 먹이를 통제하는 상황에서는 야생과 다른 행동 양식을 보이기 때문입니다. 그래서 동물행동학을 연구하는 학자들의 연구 성패는 얼마나 자연에 잘 녹아들어 완벽하게 사라지느냐에 달려 있습니다.

✚ 거위와 로렌츠

동물행동학이라는 생소한 분야가 일반인에게 널리 알려진 것은, 오스트리아의 동물학자 콘라트 로렌츠의 공이 조금 있습니다. 그는 도시에서 멀리 떨어진 곳에 살면서 다양한 동물을 관찰했습니다. 그중 가장 흥미로운 것은 '각인효과'입니다. 로렌츠는 알을 깨고 나오는 새끼 거위가 생애 처음으로 본 움직이는 물체를 어미라고 각인하고 늘 따라다닌다는 사실을 알아냈습

콘라트 로렌츠

니다. 이는 새끼 거위로선 당연한 일입니다. 알을 품은 것이 어미일 테니 말입니다. 거위의 유전자에는 태어나자마자 처음으로 보는 움직이는 것이 먹이를 주고 위험으로부터 지켜준다는 사실이 기록되어 있는 것입니다. '움직이는 것'이 대부분 거위의 어미일 테지만 간혹 아닌 경우도 있습니다. 로렌츠가 바로 그런 경우였기에 거위들은 성체가 될 때까지 로렌츠를 따라 다녔습니다.

➕ 침팬지와 구달

제인 구달 역시 침팬지의 행동을 관찰해 동물행동학의 새 지평을 연 동물학자이자 환경운동가입니다. 그녀는 1960년 아프리카의 나이지리아에 있는 곰베 침팬지 보호구역에서 10여 년간 침팬지를 관찰했습니다. 우리가 침팬지에 대해 알고 있는 상식인 도구를 사용하는 것, 서열을 정하는 것, 육아법, 폭력성 등은 대부분 구달이 관찰해서 알아낸 것입니다. 구달 이후에도 수

제인 구달

많은 동물학자가 침팬지와 원숭이를 관찰해서 아주 사소한 것까지 알아내고 있으나, 구달이 관찰을 통해 갖추어 놓은 큰 구조는 아직도 유효합니다.

요즘 동물학자들은 위치 추적 장치를 이용해 구달보다 더 넓은 범위를 연구할 수 있습니다. 예를 들어 2015년 케냐의 동물연구 센터에서 개코원숭이들에게 위치 추적 장치를 달아 이들이 어떻게 이동하는지 분석한 연구를 들 수 있습니다. 연구의 내용은 이렇습니다. 개코원숭이들은 100여 마리가 무리 지어 이동하는데, 무리에는 수컷 우두머리가 있습니다. 그동안 동물학자들은 무리의 중요한 사항을 우두머리가 결정하고 무리는 그 결정에 따라 이동한다고 생각했습니다. 하지만 결과는 그렇지 않았습니다.

원숭이 무리는 이동할 때 다수결의 원칙을 따르고 있었습니다. 물과

나무 열매를 찾아 이동할 때 원숭이들은 우두머리의 기억력에 의존하는 것이 아니라 집단지성을 이용하고 있었던 것입니다. 만약 무리 중 두 마리가 각각 다른 방향으로 움직이고 두 원숭이 사이의 거리가 멀지 않으면, 무리는 정확히 중간 지점을 유지하며 따라갑니다. 그러다 둘 중 조건이 좋아 보이는 쪽으로 몰려갑니다. 나중에는 모든 무리가 그쪽으로 향합니다. 개코원숭이들은 움직일 때 나무를 타기도 해서 무리의 이동 속도가 생각보다 빠릅니다. 100여 마리의 원숭이들이 빠른 속도로 이동하면 동물학자들은 따라잡을 수가 없습니다. 그러나 현대의 동물학자들에겐 GPS 기술이 있습니다. 그 덕분에 로렌츠나 구달은 하지 못한 일을 할 수 있습니다. GPS, 소형 카메라, 성능 좋은 송수신 장치가 없었다면, 동물의 이동을 추적해서 무언가를 알아내는 연구는 훨씬 더디게 발전했을 것입니다.

응고롱고로 칼데라 근처에 있는 만야라 호수에서 이 개코원숭이 무리를 만났습니다. 제가 탄 차는 매우 험한 길을 아주 천천히 가고 있었는데, 100여 마리가 넘는 대규모 원숭이 무리가 괴성을 지르며 뒤에서 다가왔습니다. 원숭이 한 마리의 크기는 아무리 커도 20킬로그램 정도 나가고 대부분은 10킬로그램 내외로 몸집이 작았지만, 얼마나 소리가 큰지 솔직히 무서웠습니다. 운전사 겸 가이드는 개코원숭이의 다수결에 대해 잘 알고 있어서 이 무리를 이끄는 안내자를 지목해서 알려주었습니다. 과연 나무 위에 이동 방향을 찾아 무리를 이끄는 원숭이가 있었고,

그 뒤를 따라 원숭이 떼와 함께 딱 보기에도 우두머리인 듯 보이는 덩치 큰 수컷이 지나갔습니다. 그러는 와중에도 이제 금방 젖을 뗀 것으로 보이는 어린 원숭이들이 장난을 치며 무리를 따릅니다. 어린 것들

개코원숭이

이 노는 모양새는 인간과 너무나 닮았습니다. 물론 인간이 원숭이를 닮은 것이겠지만요.

종 사이를 오가는 도움의 손길

세렝게티에서 북쪽으로 올라가면 다큐멘터리에 자주 나오는 오카방고 지역이 있습니다. 건기에는 바싹 마른 흙과 드문드문 솟은 나무밖에 없는 사바나 지역이지만, 우기가 오면 강과 호수로 변하면서 그 일대가 극적으로 바뀌는 놀라운 지역입니다. 대이동을 하는 동물은 우기에 맞추어 이곳에 당도하고, 영역을 지키는 육식 동물들은 초식 동물이 오기를 기다리며 설치류들을 잡아먹으며 버팁니다. 물과 풀을 따라 이동하는 초식 동물과 달리 치타나 사자처럼 영역을 지키는 동물은 건기가 되면 먹이를 구하기 어렵습니다. 좀 우스운 이야기지만 그들에게는 눈에 보

오카방고의 풍경

이지 않는 선이 있고 그 선을 절대 넘지 않습니다. 다른 개체의 영역을 침범해 그 지역을 자기 것으로 만들려면 반드시 싸워야 합니다. 하지만 싸우다보면 큰 상처를 입을 확률이 높아서 영역을 넓히더라도 삶의 질이 낮아질 수 있습니다. 영역 동물은 이런 사실을 잘 알고 있기에 웬만해선 남의 영역을 침범하지 않습니다. 큰 위험을 감수하고 전투를 치르려 한다는 것은 그만큼 배가 고프다는 뜻입니다. 건기가 바로 그런 시기입니다.

건기든 우기든 영역을 지키고 사냥을 하는 동물은, 사냥에 드는 에너지를 최소화하고 성공률을 높이기 위해 협동해서 사냥합니다. 이와 같은 행동은 지능이 높은 동물만 가능합니다. 사냥과 사회성과 지능 사이에는 순환을 거듭하며 더욱 강한 효과를 내는 '양의 되먹임' 과정이 반복됩니다. 한마디로 아프리카들개 무리의 사냥 능력은 시간이 흐를수록 더욱 좋아지고 사회성 또한 더욱 견고해집니다. 예를 들어 오카방고 지역에서 찾아볼 수 있는 아프리카들개는 사회성이 매우 발달했습니다. 이들은 무리를 이루어 생활하고 협동해서 사냥하며 먹이를 공평하게 나눕니다. 흥미로운 것은 다른 무리의 개체를 받아들이기도 한다는 점입니다. 만약 어떤 아프리카들개 무리가 사자나 하이에나에게 공격을 받아 모두 죽고 한 마리만 남았다면, 대체로 다른 무리에 들어가 적응하며 삽니다. 이와 같은 행동 양식은 다른 종의 동물에게도 나타나는 것으로, 개체 수가 많은 것이 무리에게 여러모로 유리하기 때문입니다.

✚ 아프리카들개의 사회성

그런데 오카방고의 아프리카들개 중 아주 흥미로운 사례가 하나 있습니다. 사자의 공격으로 무리를 잃은 아프리카들개 암컷이 한 마리 있었습니다. 동물학자들은 이 암컷이 어느 무리에 합류해 살아갈 것인지 흥미진진하게 지켜보았습니다. 그러나 이 암컷은 아프리카들개 대신 하이에나와 친하게 지냈고 검은등자칼과도 친분을 쌓아 외롭지 않게 지냈습니다. 검은등자칼이 임신했을 때는 자기가 사냥한 먹이를 나누어 주기도 했습니다. 이와 같은 행동은 그간 관찰한 아프리카들개의 행동과는 아주 달랐습니다. 하지만 분명 일어난 일입니다. 동물행동학을 연구하는 학자들은 이 들개의 행동을 어찌 해석했을까요?

우선 동물학자들이 주목한 것은 아프리카들개의 기본적인 행동입니

사회성이 매우 발달한 아프리카들개

다. 그들은 사회성이 뛰어나 하루에도 몇 번씩 울음소리를 내 동료들이 무사한지 확인하고, 새끼를 낳으면 공동 육아를 합니다. 당연히 모계 중심의 사회입니다. 무리 내의 새끼라면 누구나 핥아주고 먹여주고 위험으로부터 지켜줍니다. 이 암컷은 무리 내에서 이와 같은 행동 양식을 잘 배우고 익혔습니다. 결국 무리를 잃은 아프리카들개 암컷은 무리 내에서 학습했던 행동을 하이에나나 검은등자칼에게 적용했는데, 이 두 종 역시 모계 중심의 사회 생활을 하기에 서로 잘 맞았습니다. 종은 달랐지만, 이들 사이에 행동이라는 공통점이 있었던 것입니다. 특히 임신한 검은등자칼의 경우 사냥을 하는 대신 죽은 동물을 먹는 '청소부 동물'이라 아프리카들개가 나누어준 먹이를 가리지 않고 잘 먹었습니다. 그동안 다른 종의 동물이 먹이를 나누어주지 않아서 그렇지, 어떤 동물이라도 자칼에게 먹이를 주었다면 그만큼 친밀감을 쌓을 수 있는 것입니다.

다른 종끼리 털 고르기를 하며 친밀감을 쌓는 경우도 있습니다. 특히 인간 거주지역 근처에서 이런 경우를 자주 볼 수 있는데, 야영장이나 오두막 근처에선 이런 장면을 더욱 쉽게 볼 수 있습니다. 몽구스가 누워 있는 임팔라를 핥아주기도 하고, 코뿔새와 혹멧돼지가 털을 고르는 모습도 자주 볼 수 있습니다. 이는 피부에 붙어 있는 기생충을 떼어 주거나 진드기를 잡아 주는 것입니다. 몽구스와 코뿔새에게 기생충이나 진드기는 좋은 단백질 공급원이고, 임팔라나 혹멧돼지는 가려움이 사라져서 서로 도움이 됩니다.

이렇게 서로 털 고르기를 하는 행동이 인간 거주지역 근처에서 자주 목격되는 이유는 무엇일까요? 첫째는 인간이 볼 수 있는 곳이라는 점입니다. 깊은 야생은 인간이 쉽게 다가갈 수 없어서 이런 상황이 벌어지더라도 관찰하기 쉽지 않습니다. 다시 말해 이런 일이 아무리 많이 일어나도 인간이 볼 수 없기에 관찰 횟수가 줄어들어 데이터에 저장되지 않는 것입니다. 둘째는 종 사이의 먹이 경쟁이 줄어들어 서로를 공격할 필요가 없기 때문입니다. 인간들이 사는 곳 주변에는 늘 먹을 것이 넘쳐납니다. 농작물과 인간이 먹다 버리는 음식이 있어서 동물은 사냥하지 않고도 먹이를 쉽게 구할 수 있습니다. 다른 동물의 먹이를 빼앗을 필요가 없습니다. 먹을 만큼만 얻으면 더 이상 싸울 필요가 없어 종이 달라도 친하게 지낼 수 있다니, 인간이 배워야 할 자세가 아닐까요?

동물이 죽음을 대하는 자세

동물행동학의 견지에서 보아 단연 흥미로운 사례는 '장례의식'을 치르는 동물들입니다. 저는 아프리카에 있는 동안 코끼리 떼, 그것도 새끼들이 포함된 아주 훌륭한 코끼리 떼를 여러 번 보았습니다. 그들은 밤에도 나타났는데, 보지 않아도 코끼리가 온 것을 금방 알 수 있었습니다. 트럼펫 천 개가 동시에 울리는 듯한 커다란 소리와, 작은 나무 따위는 피하지 않고 밀고 지나가기에 나무가 부러지는 소리가 들리면 분명 코끼리가 온 것입니다. 실제로 이른 아침 차를 타고 소리가 났던 곳을 가보면 나무들이 한쪽으로 쓰러져 있는 것을 볼 수 있었습니다. 코끼리 무리를 10미터도 떨어지지 않은 곳에서 오랫동안 관찰하기도 했는데, 어느 코끼리도 상아가 좌우 대칭이 아니었습니다. 알고 보니, 오른손잡이와 왼손잡이가 있는 것처럼 코끼리는 오른상아잡이와 왼상아잡이가 있습니다. 그러다 보니 자주 쓰는 상아는 부러지거나 위치가 바뀌거나 금이 가기 때문에 상아는 좌우 대칭을 이룰 수 없었던 것입니다.

코끼리에 관한 흥미로운 행동은 끝이 없을 정도로 많습니다. 그중에서도 가장 놀라운 점은, 그들이 동료의 죽음을 슬퍼한다는 것입니다. 그들은 동료나 새끼가 죽으면 시신 옆에 몇 시간을 머무르며 시신에 코를 비비거나 냄새를 맡으며 주위를 빙빙 도는데, 동료의 죽음을 슬퍼하는 것이라는 해석 말고는 달리 할 말이 없습니다. 이와 비슷하게 행동하는 동물이 기린과 하마입니다. 우연인지 몰라도 모두 덩치가 크고 풀을 먹

동료의 죽음을 애도하기 위해 다가가는 코끼리 무리

는 초식 동물입니다.

　장례의식을 치르는 행동은 자칫 포식자의 표적이 될 수도 있습니다. 시신이 부패하는 냄새는 포식자를 끌어들일 것이고, 그 주변엔 살아 있는 사냥감이 있으니 사자, 하이에나, 들개로선 이보다 좋은 사냥터가 없습니다. 하지만 코끼리, 하마, 기린은 덩치가 커서 아무리 사냥에 능한 포식자라도 쉽게 잡을 수 없습니다. 물론 새끼들은 이런 공격에 취약하지만, 무리는 새끼를 지키는 데 더욱 큰 노력을 기울입니다.

　덩치가 크고 풀을 먹는 동물이라면 코뿔소를 빼놓을 수 없는데, 이상한 것은 동물학자들의 집요한 관찰에도 불구하고 코뿔소가 동료의 죽음을 애도하는 사례는 단 한 건도 발견된 적이 없다는 점입니다. 이것은 어찌 해석해야 할까요? 동물학자들의 견해는 이렇습니다. 코끼리, 하마, 기린은 무리 생활을 하지만 코뿔소는 무리 생활을 하지 않습니다. 그들은 어미젖을 떼면 평생 혼자 생활합니다. 무리 생활을 하지 않으니 다른 코뿔소가 죽었다고 해서 딱히 애도해야 할 이유가 없는 것입니다.

코끼리가 동료의 죽음에 애도를 표하는 것은 아프리카뿐 아니라 스리랑카에서도 보고된 바가 있습니다. 한 무리의 우두머리 코끼리가 다른 코끼리와 싸우다 죽었는데, 구성원들이 차례로 시체 주변으로 와서 마지막 인사를 했습니다. 300여 마리의 코끼리가 모여들어 시체 위에 자신의 코를 올려놓으며 작별 인사를 했다고 합니다. 거대한 덩치를 이끌고 느릿느릿 코를 올렸다 내리는 장면을 본 사람들은, 인간보다 더 인간적인 코끼리의 모습에 감동했습니다.

 ## 인간 또한 동물이다

동물은 인간과 다른 언어를 사용합니다. 인간이 그 언어를 알아듣지 못할 뿐 동물에게는 동물만의 문화가 있습니다. 동물의 문화를 가만히 들여다보면 인간이 배워야 할 점이 많습니다. 그러니 인간보다 못한 존재라 여기고 함부로 대하면 곤란합니다. 마하트마 간디는 어떤 사회의 구성원들이 동물을 대하는 태도를 보면, 그 사회의 문화 수준을 짐작할 수 있다고 했습니다. 인간이 주도하는 사회에서 동물은 약자일 수밖에 없기에, 동물을 대하는 태도가 곧 사회의 약자를 대하는 태도로 투사해서 나타나기 때문입니다. 동물을 학대하고 오로지 식량으로만 대하며 쓰임새로만 평가하는 사회는, 인간을 서열화한 뒤 똑같은 방식으로 약자를 대합니다. 동물권이 중요한 이유는 이와 같은 가치에 근거를 둡니다. 그렇다면 우리는 어떻게 동물 감수성을 높이고 동물을 인간과 동등하게 대할 수 있을까요? 방법이 무엇일까요?

그 방법이란 동물을 제대로 이해하는 것입니다. 그러려면 관찰해야 합니다. 관찰하고 들어서 얻은 데이터는 동물행동학 연구의 바탕을 구성합니다. 그런데 가만히 생각해보면 차분하게 관찰하고 끈기 있게 듣는 것은 동물뿐 아니라, 인간을 이해하는 가장 좋은 방법이기도 합니다. 결국 동물을 잘 이해하려고 얻은 방법론은 인간을 이해하는 일에도 적용됩니다.

"당연합니다. 인간 또한 동물이니까요."

덧붙임: 이 강연의 자세한 내용은 『별똥별 아줌마가 들려주는 아프리카 이야기』에 더 소개되어 있습니다.

이지유

서울대학교 사범대학 지구과학교육과를 졸업하고, 서울대학교 자연과학대학 천문학과 석사 과정을 수료했다. 50세 즈음 공주대학교 과학영재교육학과에서도 석사를 받았다. 과학 교육의 목적은 '발견의 기쁨'을 느끼는 것이라 여겨, 재미나면서도 철학이 깃든 과학책을 만들고 있다. 지은 책으로는 『이지유의 이지 사이언스』 시리즈, 『별똥별 아줌마가 들려주는 과학 이야기』 시리즈, 『나의 과학자들』, 『저기 어딘가 블랙홀』, 『기후 변화 쫌 아는 10대』 등 다수가 있다.

생물은 워낙 다양해서 생물학자들에게도 생소한 생물이 많이 있습니다. 저는 그중에서도 대다수 생물학자에게 생소한 '극한미생물'에 대한 이야기를 여러분과 나눠보려고 합니다. 영어로 극한미생물을 뜻하는 extremophiles라는 단어는 정확하게 번역하면 '극한생물'이 맞습니다. 하지만 극한생물을 연구하는 연구자들의 국제학회인 ISE(The International Society for Extremophiles)에 가면 99%의 학자들이 미생물학자들입니다. 그래서 보통 ISE를 국제극한미생물학회라고 부릅니다. 왜냐하면 현재까지 연구된 극한생물 대부분은 미생물이기 때문입니다.

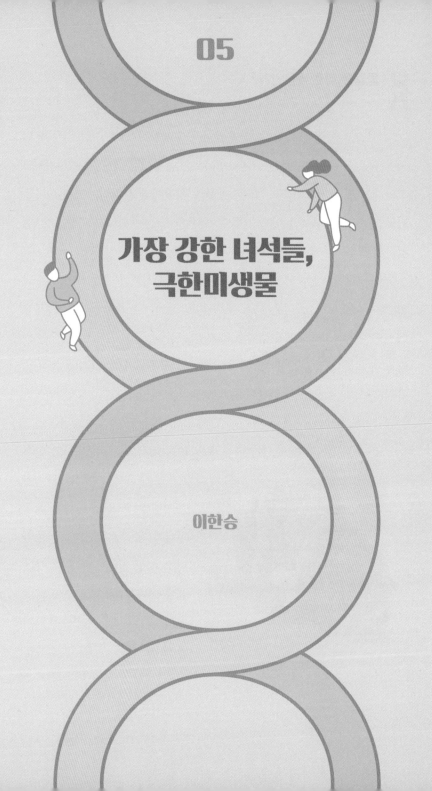

05

가장 강한 녀석들,
극한미생물

이한승

물곰은 극한생물인가?

여러분은 어떤 생물이 가장 강하다고 생각하나요? 이런 질문을 던지면 많은 사람이 티라노사우루스와 같은 공룡이나, 힘세고 덩치 큰 코끼리나 코뿔소라고 하거나, 또는 만물의 영장이라고 일컫는 인간이라는 답도 나옵니다. 하지만 이 동물들은 극한의 조건에서 살지 못합니다. 엄청나게 뜨겁거나 추운 환경에서는 생존할 수 없기 때문입니다.

최근 극한 조건에서 사는 생물을 인터넷에 검색하면 물곰이라는 답이 많이 나옵니다. 물곰은 water bear라고 불리는 완보동물인데 −273℃에서도 생존하고 151℃로 끓여도 죽지 않는다는 글을 흔히 발견할 수 있습니다. 그렇다면 물곰이야말로 최고의 극한생물일까요? 하지만 실제 물곰이 살아가는 온도는 인간이랑 비슷한 온도이며, 60℃ 정도만 되어도 물곰은 죽습니다.

그러면 왜 물곰이 −273℃에서, 또는 151℃에서도 살 수 있다고 할까요? 그건 그 온도에서 사는 것과 견디는 것을 혼동했기 때문입니다. 물곰은 환경이 안 좋아지면 활성 상태에서 휴면 상태로 들어가는데, 그 경우에는 초고온이나 극저온에서 상당 시간 동안 견딜 수 있습니다. 하

물곰

지만 그걸 산다고 이야기하는 건 무리가 있습니다. 극한의 환경에서 산다고 하는 것은 그 조건에서 번식할 수 있다는 의미입니다. 물곰은 그저 견딜 뿐이지 번식은 불가능합니다. 즉, 일반적인 환경보다 극한의 환경에서 더 잘 자라고 생육해야 극한생물이라고 부르며, 그 대부분은 미생물입니다.

극한미생물이란 무엇인가?

여러분은 미생물이라고 하면 어떤 것들이 떠오르나요? 김치나 요구르트의 유산균, 술을 만들거나 빵의 발효에도 사용되는 효모, 페니실린과 같은 항생제를 만드는 곰팡이 등이 인간의 생활과 밀접하고 또 잘 알려진 미생물들입니다. 하지만 미생물학자에게 세균과 곰팡이(효모도 포함)는 동물과 식물만큼이나 서로 다른 생명체입니다.

미생물의 기본 정의는 작아서 눈에 보이지 않는 생물을 뜻합니다. 현미경으로 봐야 보이는 생물이라고 할 수 있습니다. 과거 현미경이 발명되기 전까지 사람들은 미생물이 존재하는지 잘 몰랐습니다. 김치를 담그거나 와인을 만들면 뭔가 변화가 있는데, 그것이 유산균이나 효모에 의한 변화라는 사실을 알지 못했습니다. 하지만 현미경이 발명되고 분자유전학이 발전하면서 수많은 미생물이 발견되었고, 지금도 새로운 미생물이 발견되고 있습니다.

미생물을 크게 나누면 세균, 고균, 진균으로 나눌 수 있습니다. 과거

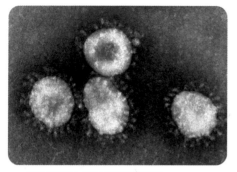
코로나바이러스 또한 미생물에 포함된다.

에 고균은 고세균이라고 불렸고, 세균의 일종으로 생각했지만 이제는 완전히 다르게 분류합니다. 세균과 고균은 핵이 없는 세포(원핵세포)를 갖고 있고, 진균은 완전한 핵을 가진 세포(진핵세포)로 구성되어 있습니다.

진균에는 곰팡이와 효모가 포함됩니다. 세포에 핵이 있고 없고가 무슨 큰 차이가 있나 싶지만, 생물로서는 어마어마한 차이입니다.

최근 세상을 뒤흔든 코로나19나 홍역이나 독감을 일으키는 바이러스도 미생물이라고 생각할 수 있습니다. 대학에서 미생물학을 배우면 바이러스에 대해서도 빼놓지 않고 배우지만, 바이러스는 생물이라고 부르기가 좀 모호한 존재입니다. 혼자서 번식할 수도 없고, 세포로 구성되어 있지도 않기 때문입니다. 그렇지만 생물학에서 다루지 않을 수도 없어서 바이러스를 미생물에 끼워주는 편입니다.

그렇다면 극한미생물은 어떤 미생물일까요? 우리가 살고 있는 지구상에는 다양한 자연환경이 존재하고, 거의 모든 곳에서 미생물이 서식하고 있습니다. 그중에서도 인간이 살 수 없는 극한의 환경, 예를 들면 극도로 춥거나 뜨겁거나, 산도나 염도가 높거나 낮은 환경에서 사는 미생물을 극한미생물이라고 합니다. 즉, 극한미생물의 사전적 정의는 생육에 극한 조건이 필요하거나 극한 조건에서 왕성하게 생육하는 생물들의 총칭입

고온균 thermophiles	55℃(초고온균은 80℃ 이상)에서 최적으로 생육하는 미생물
저온균 psychrophiles	15℃ 이하에서 최적으로 생육하거나 20℃ 이상에서 자라지 못하는 미생물
호알칼리균 alkaliphiles	pH9 이상의 알칼리 조건에서 최적으로 생육하는 미생물
호산균 acidophiles	pH3 이하의 산성에서 최적으로 생육하는 미생물
호염균 halophiles	최소 0.2M 이상의 염농도를 생육하는 데 필요로 하는 미생물
호압균 barophiles	고압에서 최적으로 생육하는 미생물
암석균 endolith	암석 안에서 자라는 미생물
빈영양균 oligotroph	영양성분이 낮은 상태에서 자라는 미생물

니다. 그리고 여기엔 세균, 고균, 진균에 속하는 다양한 미생물이 다 포함됩니다. 다만 세균이나 진균에 비해서 고균의 극한미생물 비중이 매우 높은 편입니다. 그래서 고균을 연구하는 학자들은 대부분 극한미생물과 관련된 연구를 한다고 볼 수 있습니다.

여기서 잊지 말아야 하는 것은 '극한'이라는 말이 인간을 기준으로 삼았을 때 극한 조건이라는 것이고, 극한미생물에게는 완전히 정상적인 환경이라는 것입니다. 예를 들어 우리가 알고 있는 많은 세균은 보통 25℃에서 40℃의 온도 범위에서 최적으로 생육합니다. 그러나 초고온균의 경우는 80℃에서 100℃가 정상적인 생육 조건이고, 30℃ 내외에서는 거의 자라지 못합니다. 따라서 초고온균에게는 100℃가 정상 조건이고 30℃가 초저온 조건이라고 말할 수 있습니다. 앞서 설명한 물곰이 극한생물이 아닌 이유는, 물곰은 낮은 온도에서 자라고 높은 온도에서는 죽지 않고 견디기만 하기 때문입니다.

극한미생물로 노벨상을?

보통 미생물학자들은 '미생물은 어디에나 있다'라고 이야기합니다. 그래서 미생물을 완전히 박멸하는 것은 거의 불가능에 가깝습니다. 대부분의 항균 제품이 99.9%의 효과를 보인다는 것도 그런 이유입니다. 인간이 살아가는 환경은 말할 것도 없고, 인간이 살기 힘든 극한 환경에서도 미생물이 존재하는 경우가 많습니다. 그렇다면 극한 환경은 어디에 있을까요?

온도의 측면에서 대표적인 곳으로는 극지방을 들 수 있습니다. 지구에서 온도를 관측한 이래로 가장 낮은 기온은 1983년 러시아의 남극관측기지인 보스토크 기지에서 측정한 −89.2℃라고 합니다. 이 정도로 추운 영하의 기온에서는 미생물이 생육하기 힘들지만, 극지방에도 사계절이 있고 여름에는 영상으로 기온이 올라가서 저온성 극한미생물이 생육할 수 있는 환경이 만들어집니다. 반대로 지금까지 측정된 가장 높은 지표면 온도는 이란의 루트 사막에서 측정된 70.2℃이지만, 화산 지대나 온천 지대에도 다양한 고온성 극한 환경이 존재하고 고온성 극한미생물이 살고 있습니다. 그리고 이런 고온성 극한미생물의 효소를 이용해서 노벨상을 받은 사람이 있으니, 바로 1993년 노벨화학상 수상자인 캐리 멀리스 박사입니다.

아마 최근에 코로나19 감염병이 유행하면서 그 진
단법인 RT-PCR(Real Time Polymerase Chain Reaction)이
라는 단어를 자주 접했을 겁니다. 그 진단법의 기본
이 되는 유전자 증폭 방법을 중합효소연쇄반응, 이
른바 PCR이라고 합니다. 그 방법을 처음으로 고안한
사람이 멀리스 박사입니다. 실제 PCR 방법은 바이러
스 진단뿐만 아니라, 친자 소송이나 범인 검거 등의

캐리 멀리스

법의학 분야, 식중독균이나 병원균의 오염 탐색 등 다양한 분야에서 사
용되는 기술입니다.

그런데 이 PCR 기술은 고온성 극한미생물인 써머스 아쿠아티쿠스
가 없었다면 실제로 이루어지기 어려운 기술이었습니다. DNA를 두 배
로 증폭시키기 위해서는 DNA를 90℃ 이상의 고온에서 가열하여 두 가
닥을 분리시켜야 하는데, 보통 미생물의 효소들은 90℃ 정도의 고온에

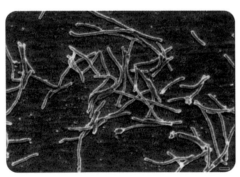

써머스 아쿠아티쿠스

서는 변성되어 활성을 잃
어버리기 때문입니다. 하
지만 70℃에서 최적으로
자라는 써머스 아쿠아티
쿠스라는 세균에서 분리
한 DNA 중합효소는 90℃
가 넘는 온도에서도 상

당히 오랜 시간을 견딜 수 있습니다. 한 번 온도를 올렸다가 내릴 때마다 DNA의 양을 두 배로 늘릴 수 있는 것입니다. 그래서 30번 정도 온도를 올렸다 내리면 1개의 DNA에서 2의 30승, 약 10억 개의 DNA를 얻을 수 있게 되는 것입니다. 현재는 98℃에서 최적으로 자라고 복제 시에 오류율이 훨씬 더 적은 파이로코쿠스 퓨리오서스의 DNA 중합효소를 이용해서 훨씬 더 정확하게 DNA를 복제하고 있습니다.

벤카트라만 라마크리슈난

이렇듯 극한미생물로부터 유래한 단백질과 효소들은 상대적으로 안정하기 때문에 극한미생물을 연구해서 노벨상을 받은 경우가 또 있습니다. 2009년 노벨화학상을 받은 영국 MRC 랩의 벤카트라만 라마크리슈난 박사와 미국 예일대의 토머스 스타이츠 교수, 이스라엘 와이즈만 연구소의 아다 요나스 박사가 그 주인공입니다. 이들은 고온균과 호염균이 가진 리보솜의 3차원 구조를 밝혀서 노벨상을 받았습니다. 사실 단백질 하나의 3차 구조를 밝히는 것도 쉬운 일은 아닙니다. 리보솜은 두 개의 커다란 덩어리로 되어 있고 여러 개의 단백질과 RNA가 복잡한 구조를 이루고 있으므로 그 구조를 밝히는 것이 매우 힘든 일이었습

토머스 스타이츠

아다 요나스

니다. 하지만 2000년 8월에 이 세 연구진은 고온성 세균인 써머스 서모 필러스와 이스라엘 사해에서 발견한 호염성 고균인 할로아쿨라 마리스 모르투이의 리보솜을 분리하고 결정화한 후, X선 회절법을 이용하여 복잡한 리보솜의 3차원 구조를 풀 수 있었습니다. 이 때문에 단백질이나 핵산의 3차원 구조를 연구하는 구조생물학자들에게 극한미생물의 단백질은 좋은 연구 재료가 되고 있습니다. 따라서 앞으로 극한 조건에서 안정한 단백질에 대한 연구가 늘어나면, 단백질의 역할과 기능에 대해 더 많은 정보를 얻게 될 것입니다. 이를 통해 생명 현상의 이해는 물론 신약의 개발 등에도 큰 도움이 될 것입니다.

심해저 탐사와 극한미생물

마그마가 분출되는 바닷속의 화산 지대를 심해 열수구라고 합니다. 이런 열수구에서는 아직도 용암이 분출되고 있습니다. 1,200℃가 넘는 용암이 바닷물과 만나서 주변 온도가 100℃를 넘는 환경이 조성되고 있는데, 놀랍게도 그곳에 다양한 미생물이 존재합니다. 이런 심해 열수구는 온도만 높은

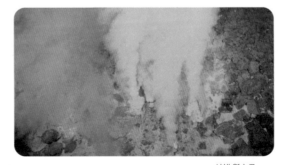
심해 열수구

것이 아닙니다. 빛도 전혀 들어오지 못하고 압력도 매우 높아서, 극한미생물 및 극한생물체의 보고라고 할 수 있습니다.

아마 영화를 좋아한다면 제임스 카메론이라는 이름을 들어봤을 겁니다. 50대 중년의 어른들에게는 영화 〈터미네이터〉의 감독으로, 40대에게는 〈타이타닉〉의 감독으로, 20~30대에게는 〈아바타〉의 감독으로 유명한 사람입니다. 그런데 이 카메론 감독이 지난 2012년 3월 26일, 인류 역사에 기념비적인 기록을 하나 남겼습니다. 혼자서 유인 잠수정을 타고 지구상의 가장 깊은 바다에 내려가 탐사에 성공한 겁니다. 이른바 '심해 도전(deepsea challenge)' 프로젝트입니다.

지구상에서 가장 깊은 바다는 북태평양의 괌 인근의 마리아나 해구의 챌린저 딥(challenger deep)이라고 불리는 곳입니다. 에베레스트산의 높이가 8,848미터인데, 챌린저 딥의 수심은 약 11,000미터에 달하고 압력은 무려 1,100기압에 이릅니다. 태양 빛을 비롯한 어떤 빛도 비추지 않는 칠흑 같은 암흑의 환경입니다. 역사상 무인 잠수정도 딱 두 번밖에 내려가지 못했고, 유인 잠수정 또한 1960년에 트리에스테호를 탄 두 명이 촬영 장비도 없이 20분 정도 머문 것이 유일합니다. 한마디로 사람의 손길이 닿지 않았던 미지의 세상이라고 할 수 있습니다. 바로 그 미지의 세상을 카메론 감독이 혼자서 탐사했다는 것입니다.

심해 도전 프로젝트는 7년간 준비되었고, 카메론은 오랜 친구이자 탐사팀의 수석 엔지니어인 론 앨럼과 함께 수직으로 강하하는 유인 잠수정 딥 챌린저(deep challenger)호를 설계하기까지 했습니다. 게다가 자신이

딥 챌린저호로 심해 탐사 중인 제임스 카메론

직접 조종간을 잡았으며, 3시간이 넘게 심연의 바닥에서 다양한 생물과 지구 환경을 3D 카메라로 촬영했다고 합니다. 게다가 카메론의 탐사팀은 스크립스 해양연구소, 크레이그 벤디 연구소, 와카야마 대학 등 세계 유수의 과학자들과 함께 심해 생태계와 극한미생물에 관한 다양한 연구를 함께 진행하고 있으며, 이미 몇몇 국제학회에서 연구 결과를 발표하기도 했습니다.

또한 지난 2019년 5월, 미국의 사모펀드 '인사이트 에쿼티 홀딩스'의 창립자이자 투자자인 빅터 베스코보 역시 리미팅 팩터(limiting factor)라는 잠수정을 주문 제작해서, 직접 조종간을 잡고 마리아나 해구로 들어갔습니다. 그는 심해 속의 해양 생물을 탐사했을 뿐만 아니라 마리아나 해구 바닥에 버려진 해양 쓰레기도 발견해서 화제가 되기도 했습니다. 게

빅터 베스코보가 주문 제작한 리미팅 팩터

다가 1년 후인 2020년 6월, 베스코보는 여성 우주인 캐시 설리번 박사와 함께 마리아나 해구를 다시 탐사했는데, 이로써 설리번 박사는 우주와 심해저를 동시에 탐험한 최초의 인간이 되었습니다.

카메론이나 베스코보 같은 억만장자들이 심해저 탐사에 돈을 투자하는 것이 참 흥미롭습니다. 우리나라에선 돈을 벌면 다들 강남에 건물을 사려고 하는 것과 대조된다고 과학계에서는 자조적으로 말하기도 합니다.

아무튼 카메론의 심해저 탐사 소식은 중국을 비롯한 세계 여러 나라에서 심해저 탐사 연구를 촉발했고, 특히 중국은 유인 잠수정 자오룽(蛟龍)호를 만들어 수심 7,000미터까지 탐사에 성공하기도 했습니다. 현재까지 해저 6,000미터급 유인 잠수정을 보유한 나라는 미국, 러시아, 프랑스, 일본, 중국뿐입니다. 우리나라는 무인 잠수정 '해미래'를 보유하고 있으나 아직 유인 잠수정이 없어서 준비 중에 있습니다. 많은 나라에서 큰 관심을 가지고 있어서 앞으로 심해저 탐사 기술은 계속 발전할 것입니다.

인간의 발이 닿지 않은 땅은 거의 없지만, 인간의 손길이 닿지 않은 바다는 아직도 무궁무진합니다. 심해저 탐사는 해저 광물 자원뿐만 아니라, 해저 생태계 그리고 심해저 속의 다양한 극한미생물의 발견에도 큰 도움을 줄 수 있을 것입니다.

우주생물학과 극한미생물

최근 새로운 극한미생물을 발견하기 위해 과학자들이 노력하는 분야 중 하나가 우주생물학입니다. 우주생물학은 지구 밖 생명체의 기원과 진화, 생물 분포 등을 연구하는 분야입니다. 지난 2010년 12월, 미국 항공우주국(NASA)에서 외계 생명체와 관련된 발표를 한다고 진 세계적

미생물 GFAJ-1이 발견된 모노레이크

인 소동이 벌어졌던 적이 있었습니다. 사실 외계 생명체에 대한 발표가 아니라 인 대신 독성 물질인 비소를 DNA에 가진 미생물 GFAJ-1을 찾았다는 발표였습니다. 사실 이 미생물은 우주가 아니라, 미국 캘리포니아주의 모노레이크라는 염호에서 발견된 호염성 세균이었습니다. 아직 완전한 결론은 나지 않았지만 실제로는 DNA에 비소도 없는 것으로 비판받고 있습니다.

미국항공우주국에서 왜 이런 극한미생물을 찾아서 연구를 하는 것일까요? 그건 아마 외계 생명체가 존재한다면, 산소도 없고 무기물이 많은 환경에서 자랄 수 있는 극한미생물일 가능성이 크기 때문입니다. 극한미생물의 생육 환경과 조건을 잘 이해하면 외계 생명체를 이해하는 데 도움이 되기 때문입니다. 그래서 많은 우주생물학자가 태양계에서 생명체가 있을 가능성이 가장 큰 화성과 유사한 환경에 사는 생명체들을 연구

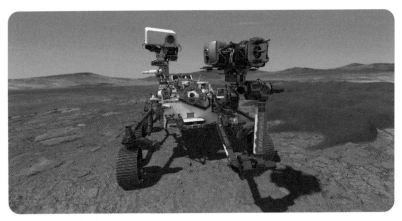

화성 탐사 로버 퍼시비어런스

하고 있습니다. 또는 아예 실험실에다 달이나 화성과 비슷한 환경을 만들어서 미생물을 배양하는 연구도 합니다. 2020년 7월에 미국항공우주국은 화성 탐사 로버인 퍼시비어런스의 발사에 성공했습니다. 퍼시비어런스가 채취한 화성의 토양 표본을 수거하기 위한 계획이 예정대로 진행된다면, 2031년쯤 지구로 화성의 토양 표본이 들어오게 됩니다. 과연 그 표본에서 생명체의 흔적을 발견할 수 있을까요?

물론 아직 우주에 생명체가 살고 있다는 직접적인 증거는 발견되지 않았습니다. 생명체가 살기 위한 근본적인 조건 중 하나인 물의 존재에 관한 논란도 많습니다. 하지만 외계 생명체를 찾기 위한 노력은 계속될 것입니다. 물론 들어가는 비용에 비해서 나오는 결과가 너무 적어서 여러 가지 한계를 갖고 있지만, 우주생물학이라는 새로운 분야는 계속 주목받을 것입니다.

 친환경 청정 기술에도 극한미생물을?

병원에 입원했을 때 맞는 수액 속의 포도당은 어떻게 만들까요? 보통은 곡물이나 감자, 고구마의 녹말(전분)을 분해해서 만듭니다. 과거에는 녹말로부터 물엿이나 포도당을 만들 때, 염산이나 황산과 같은 강산을 넣고 가열해서 당화를 시키고 강알칼리로 중화시킨 후 정제하는 방식을 사용했습니다. 이러한 방법은 부산물이 생길 뿐만 아니라, 강산·강알칼리 폐수가 발생하는 등 환경과 건강 모두에 바람직하지 못한 방법이었습니다. 하지만 이제는 효소를 이용해서 산·염기를 사용하지 않고 물엿이나 포도당 등을 쉽게 만들 수 있습니다. 이를 효소 당화법이라고 합니다. 특히 고온에서 안정한 효소를 사용하면 반응성이 더 좋아져서 고온성 극한미생물이 생산하는 효소를 사용하고 있습니다.

전분당 공업뿐만 아니라, 피혁 가공, 펄프 및 제지 생산, 세탁용 세제, 그리고 생물전환 기술 등 다양한 화학 산업에서 친환경적인 효소를 사용하려는 시도가 계속 이어져 오고 있습니다. 특히 찬물 세탁을 위한 세제에는 저온성 극한미생물이 생산하는 효소들이 많이 사용되고 있습니다. 왜냐하면 더운물보다 찬물에서 세탁하면 에너지가 절약되기 때문입니다.

우리나라를 '치킨 공화국'이라고 부르는 것을 들어봤을 겁니다. 이렇게 많은 닭을 소비하면 그 닭털은 어떻게 처리할까요? 닭털은 주성분이 케라틴이라는 단백질입니다. 이를 분해하여 사료나 미생물 배지 등의 용도로 사용하면 좋겠지만, 닭털은 쉽게 분해되지 않습니다. 그러나 강력한 단백질 분해 효소를 생산하는 초고온성 극한미생물을 이용하면 닭털을 완전히 분해할 수 있습니다. 이러한 문제를 해결하기 위해 연세대 생명공학과 이동우 교수의 연구팀은 AW-1이라는 초고온성 미생물을 분리하고, 그 유전체를 해독해서 연구를 진행하고 있습니다.

최근 극한미생물이 가장 주목을 받는 분야는 바이오에너지 분야입니다. 바이오에너지는 크게 바이오에탄올, 바이오디젤, 바이오수소로 나눌 수 있습니다. 알코올인 바이오에탄올을 만드는 과정은 우리가 술을 만드는 발효 과정과 크게 다르지 않아서, 이미 상업적인 생산에 들어갔습니다. 하지만 알코올 발효의 원료가 옥수수 전분이나 설탕이기 때문에, 바이오에탄올의 생산은 전 세계 식량 가격의 상승 등 여러 가지 경제적 문제를 일으키기도 합니다. 그 때문에 자연계에서 구하기 쉽고 값이 싼, 난분해성 바이오매스인 셀룰로스나 해조류의 다당류 등을 이용해서 바이오에탄올을 생산하려는 연구가 진행되고 있습니다. 셀룰로스나 해조류의 다당류는 일반 미생물로는 분해하기 어렵습니다. 그래서 고온성 극한미생물 중에서 이들을 좀 더 손쉽게 분해하는 미생물을 탐색하고 있고, 그 분해에 관여하는 여러 가지 새로운 유전자를 도입하여 값싸고 효율적인 바이오에탄올 생산이 가능한 날이 머지않아 올 것으로 전망하고 있습니다.

또한 석유보다 2.5배나 에너지 효율이 높고, 청정에너지로 알려진 수소도 미래의 연료로 주목받고 있습니다. 미생물로 수소를 생산하는 바이오수소 기술도 극한미생물을 이용하여 진행되고 있습니다. 특히 이 기술은 한국해양과학기술원(KIOST) 연구진이 2002년에 서태평양 파푸아뉴기니 인근의 수심 1,650미터 속 심해 열수구에서 분리한 NA1이라는 초고온성 고세균을 이용하는 기술입니다. 이 NA1이라는 고세균은 다른 미생물과 달리 수소화 효소 유전자 집단을 8종이나 갖고 있어서, 수소 생산 능력이 매우 뛰어난 것으로 큰 주목을 받고 있습니다. 이미 상당 부분 연구가 진행되어 현재는 제철소 등에서 나오는 일산화탄소 부생가스를 이용하여, 바이오수소 대량 생산에 대한 연구를 진행하고 있습니다. 이 연구가 성공한다면 바이오에탄올뿐만 아니라 바이오수소의 상업적 생산도 가능할 것입니다.

아파트와 같이 공동생활 시설이 많은 우리나라는 음식물 쓰레기를 모범적으로 분리수거하는 나라입니다. 이렇게 분리수거된 음식물 쓰레기를 분해하여 퇴비나 사료나 에너지 등을 만들려고 시도하고 있지만, 음식물 쓰레기를 미생물로 분해하는 것은 생각보다 쉬운 일은 아닙니다. 왜냐하면 우리나라 음식물 쓰레기는 염분의 농도가 매우 높아서 일반 미생물로는 분해하기 어렵기 때문입니다. 그러나 염전이나 발효식품, 심지어 소금 등에는 포화 농도에 가까운 염분 속에서도 생육하는 호염성 극한미생물이 있습니다. 세계김치연구소의 연구진과 신라대 해양극한미생물연구소에서는 발효식품이나 소금 등에서 이런 호염성 극한미생물을 분리하여, 염도가 높은 음식물 쓰레기를 분해하거나 환경에 도움을 주는 연구를 진행한 바 있습니다.

극한미생물 분야는 미래의 블루오션

지금까지 극한미생물의 현재와 미래에 대해서 알아봤습니다. 현재 국내에 극한미생물을 연구하는 분들이 그렇게 많지는 않습니다. 저는 그래서 이 분야가 발전 가능성이 있다고 생각합니다. 저는 여러분에게 남들과 같이 가며 앞서려고만 하지 말고, 남들이 가지 않는 길을 가라고 권해주고 싶습니다. 앞서가는 사람들의 뒤만 쫓는 것은 힘도 들고, 경쟁에서 이기기도 어렵습니다. 하지만 남들이 가지 않은 길을 간다면 내가 밟는 땅이 나의 것이 됩니다. 저는 극한미생물 분야가 바로 그런 분야라고 생각합니다.

앞으로 여러분이 극한미생물로 훌륭한 연구 성과를 낸다면, 다양한 친환경적 청정 기술 개발과 지구 온난화 예방, 대체 에너지 생산이 가능하고, 심해와 우주 탐사를 통한 새로운 생명체를 탐색함으로써, 생명의 신비를 더욱 알 수 있게 될 것입니다. 여러분의 많은 관심을 기대합니다.

이한승

연세대 식품공학과에 입학해서 식품생물공학과로 바뀐 후 석사를 받고, 생명공학과로 바뀌자마자 미생물공학으로 박사학위를 받았다. 바이오벤처기업 제노포커스, 일본 도쿄대학, 미국 조지아대학 등을 떠돌며 박사후 연구원으로 일하다가, 현재 부산 신라대학교 바이오식품공학과 교수이자 해양극한미생물연구소장으로 섬기고 있다. 평소 뭔가 좀 '다른 것'에 관심이 많았고, 그러다 극한미생물에 관심이 생겨서 한국극한미생물연구회의 창립을 주도했다. 현재는 한국미생물생명공학회 극한미생물분과 총무간사를 6년째 섬기고 있다.

저는 수정란이 착상되기 전인 배아와 착상 이후의 태아에 관한 연구를 하고 있습니다. 임신이 어려운 난임 부부를 도와주고, 산모 태내의 아기가 안전한지 확인하는 것이 주된 업무입니다. 여러 과학자가 검증한 새로운 발견들을 환자에게 바로 적용할 수 있는지를 고민하는 분야이기도 합니다. 생명에 관한 연구는 윤리적인 부분을 충분히 고려해야 하므로 매우 신중해야 합니다. 특히 너무나 연약한 존재인 태아를 대상으로 할 때는 더욱 그렇습니다. 이런 연구를 통해 생명의 신비와 존엄성, 나아가 자신을 존중해야 하는 이유를 배우게 될 것이라 확신합니다.

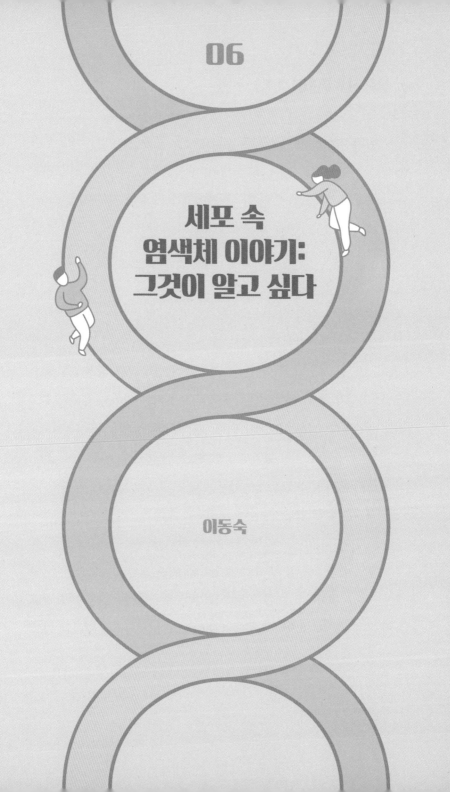

06

세포 속
염색체 이야기:
그것이 알고 싶다

이동숙

널리 사람을 이롭게 하는 과학

사람과 가까운 과학을 하고 싶었습니다. 무슨 이야기냐고요? 우리 주변에는 놀라운 발견과 그것을 증명해 내는 훌륭한 과학자가 많습니다. 아무리 훌륭한 발견이라 할지라도 학계에 발표가 되고, 과학자들로부터 증명의 과정을 거치기 때문에 사람들에게 적용되기까지는 긴 시간이 필요합니다. 사람의 생명에 관한 문제라면 당연한 과정입니다만 한편으로는 안타깝기도 합니다.

전 산부인과 유전학 실험실에서 근무합니다. 제 직업은 임상유전학자이고, 태아의 유전진단이 주요 업무입니다. 처음부터 이런 일을 하겠다는 꿈이 있었던 것은 물론 아닙니다. 진로를 결정할 즈음 방향성을 잃고 갈팡질팡하다가 현재 근무하는 연구센터에서 일할 기회가 생겼습니다. 그리고 제가 어떤 일을 하고 싶은지에 대한 구체적인 방향을 정할 수 있었습니다. 혹시 지금 꿈이 없어서 고민하는 친구들이 있다면, 너무 초조해하지 말기를 바랍니다. 무언가 하고자 하는 마음만 있다면 그 꿈이 당장 분명해지지 않더라도 머지않아 구체화되는 계기가 있을 테니 말입니다. 다시 제 이야기로 돌아가면, 학계에서 확인된 새로운 발견을 적극적으로 사람들에게 적용할 수 있는 중간자의 역할을 하고 싶었습니다. 생물학자이자 유전학자로 그런 업무를 최대한 수행할 수 있는 곳이 병원 소속의 유전학 연구소가 적당하다고 판단했습니다. 그러나 연구와 임상 적용의 중간자 역할은 그 나름대로 아쉬움이 남습니다. 이렇게 전 임상

유전학자라는 이름으로, 유전자가 사람에 미치는 영향을 연구하는 연구
자의 삶을 살고 있습니다.

엄청난 경쟁을 뚫고 태어난 우리

혹시 그 시절을 기억하는 친구들이 있을까요? 우리는 모두 과거에
는 하나의 세포였습니다. 하나의 핵과 세포질이 존재하는 진정한 하나의
세포 말입니다. 그 하나의 세포는 엄마의 태내에서 40주의 시간을 보내
면서 아기의 형태를 갖추고 세상 밖으로 나옵니다. 도대체 엄마의 태내에
서 무슨 일이 일어났던 걸까요?

더 기막힌 사실은 하나의 세포가 되기 전에 우린 그나마 반쪽짜리 세
포였습니다. 수정이라는 과정을 거쳐야 온전한 하나의 세포가 되어 엄마
의 자궁에 자리를 잡습니다. 짐작한 대로 엄마의 난자와 아빠의 정자가
바로 그 반쪽짜리 세포의 정체이며, 수정을 위해 한 달에 한 개씩만 나
오는 난자를 향해 이동하는 정자의 수는 2억 8,000만 개 정도 된다고 합
니다. 그 많은 정자에게 공평하게 수정의 기회가 주어지는 것은 물론 아
닙니다. 난자와 단 한 개의 정자가 수정하고 나면 나머지 정자들은 기회
를 잃게 됩니다. 따라서 저나 여러분은 하나의 세포가 될 때부터 엄청난
경쟁에서 살아남은 승자들입니다. 굉장히 고리타분한 이야기 같지만 우
린 원래 태어날 때부터 특별한 사람들이었던 겁니다. 혹시 지금 자존감
이 흔들리는 친구들이 있다면 우리의 과거를 떠올려보라고 말해 주고 싶

습니다. 엄청난 승률을 가진 특별한 사람 아니, 특별한 세포였다는 사실을 잊지 마세요.

 ## 나는 누굴 닮았나?

엄마의 난자와 아빠의 정자가 만난 수정의 결정체인 나는 누구를 닮았나요? 반반씩? 할아버지나 할머니? 혹은 본 기억도 가물가물한 증조부모님? 아니면 근거 없는 이야기이긴 합니다만 엄마가 임신 중 미워한 사람을 닮기도 합니다. 그러나 가령 아빠를 닮았다고 하더라도 아빠의 복제인간처럼 똑같지는 않습니다. 만약 닮았다는 의미가 같은 유전자로 똑같은 모습을 의미한다면, 명절의 친가 쪽 가족 모임에는 아빠의 얼굴을 하고 나이만 다른 사람들이 여럿 되지 않을까요? 참으로 섬뜩한 상황입니다. 다행히도 엄마와 아빠로부터 전해지는 흔히 말하는 유전 물질은 부모님과 똑같은 내용으로 전달되는 것은 아니라는 이야기이고, 그건 지구상에 존재하는 모든 생명체에서 그 종들의 다양성을 지키기 위한 놀라운 장치이기도 합니다.

 ## 인간을 위한 설계도

그럼 유전 물질에 관한 이야기를 해보겠습니다. 유전 물질이라 하면 제일 먼저 떠오르는 단어는 DNA일 겁니다. 이는 당과 인산, 그리고

아데닌, 구아닌, 시토신, 티민이라
는 4가지의 염기로 이루어졌으며,
A, G, C, T로 표기합니다. 그리고
그 네 가지 염기의 순서에 따라 우
리의 생김새부터 기능까지 결정됩
니다. 우리 인간뿐만 아니라 DNA
를 가진 모든 생명체는 DNA에 새
겨진 A, G, C, T의 순서를 따라야
합니다. 그럼 나와 옆 사람의 DNA
는 얼마나 다를까요? 거의 같습니
다. 99% 이상 같으며 0.1~0.3% 정
도의 차이가 나와 옆 사람을 구별
합니다.

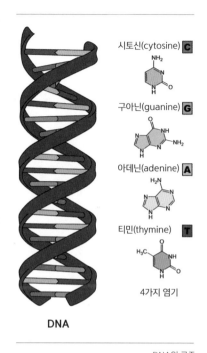

DNA의 구조

　세포의 핵에 존재하는 DNA는
그 길이가 6.4미터 정도 됩니다(길이에 대한 의견은 2밀리미터 이상부터 다양합
니다). 물론 제가 정확히 측정한 수치는 아닙니다. 그 작은 핵 안에 6.4미
터 정도 되는 실이 꼬깃꼬깃 구겨져 들어가 있다는 뜻입니다. 그중 의미
있는 암호화된 정보를 가지고 있는 DNA는 2%밖에 안 된다니 이 또한
놀라운 사실입니다. 나머지 98%는 의미 없는 DNA입니다. 즉, 그 2%의
DNA 설계에 따라 생김새가 정해지고 신체 활동에 필요한 단백질을 만
들어 내고, 내가 완성됩니다.

각각의 특성을 만들어낼 수 있는 DNA의 특정 부위를 유전자라고 부릅니다. 유전자는 그 하나하나가 독립적으로 기능하기도 하고, 혹은 복합적으로 기능하기도 합니다. 인간의 유전자는 약 20,000여 개 정도지만, 생명체 중 가장 많은 유전자를 가지고 있진 않습니다. 생명체 중 가장 고등하다고 스스로 자부하는 인간이지만 쥐랑 비슷한 정도의 유전자를 가지고 있으며, 쌀과 같은 식물의 반도 안 되는 유전자를 가지고 있습니다. 우리가 좀 겸손해져야 하는 순간입니다.

부모님이 핵 안에 존재하는 6.4미터의 DNA를 우리에게 전달할 때, 난자와 정자의 핵에 정확하게 반을 나누어 3.2미터가량의 DNA를 넣는 과정을 반복적으로 하게 됩니다. 매우 중요한 과정으로 생식세포 분열 혹은 감수 분열이라고 합니다. DNA를 나눌 때 많거나 적은 양을 가진 생식세포가 수정되면 임신을 유지할 수 없습니다. DNA에 4% 내외의 양적인 변화가 생기면 수정란은 생존하지 못합니다. 따라서 DNA의 양이 정상적이지 않은 수정란이 만들어지면, 엄마의 자궁 내에 착상이 되지 않거나 착상이 되더라도 유산이라는 가슴 아픈 상황이 벌어지게 됩니다.

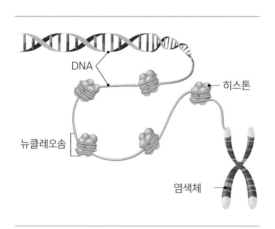

DNA와 히스톤 단백질

그럼 핵 내부를 한번 상상해보세요. 핵 내부에 실의 형태로 존재하는 DNA가 복잡하게 얽혀 있어서 둘로 나누기 무척 어려워 보입니다. 그래서 DNA가 둘로 나뉠 때는 히스톤이라는 단백질을 실패 삼아 덩어리로 묶습니다. 이 DNA의 패키지를 염색체라고 부릅니다.

DNA의 덩어리 염색체

즉, 기능하는 유전자와 기능하지 않는 DNA가 히스톤을 감고 있는 구조물이 염색체입니다. 원래 염색체는 95%가 물로 되어 있어 눈으로 확인이 어려웠지만, 한 연구자가 염색 과정 중 우연히 발견하여 붙여진 이름입니다. 과학사를 보면 실수나 우연으로 인한 위대한 발견이 참

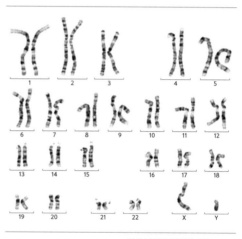

정상 남성의 염색체 46,XY

많습니다. 사람의 염색체는 46개이며, 22쌍의 상염색체와 한 쌍의 성염색체로 24가지의 염색체(1~22, X, Y)가 존재합니다.

실의 형태인 DNA는 둘로 나누는 과정에서 쉽게 끊기거나, 다른 DNA에 엉켜 분리하는 데 생각하지도 못한 실수가 생길 수 있습니다. 그

러나 염색체의 형태로 묶어서 간편하게 나누면 실수가 생길 가능성이 매우 낮아집니다. 예를 들어 정자는 감수 분열 시 염색체를 번호 별로 하나씩만 나눠 담으면 됩니다. 즉, 1번에서 22번까지 하나씩 그리고 X나 Y를 담아 23개의 염색체를 가지고 있는 반수짜리 정자를 만들어, 1번에서 22번까지 하나씩에 X만을 가진 난자를 만나 수정을 하면 염색체 46개를 가진 수정란이 되는 겁니다. 여기서 다들 알고 있겠지만, 성을 결정하는 것은 어떤 성염색체를 가진 정자와 수정을 하느냐에 달려 있습니다.

 ## 염색체의 구조

염색체에 대해 조금 더 살펴보자면, 염색체는 크기 순서로 나열합니다. 성염색체를 제외하고 1번이 제일 크고 22번이 제일 작아야 합니다. 그러나 실제로는 21번 염색체가 제일 작습니다. 처음 순서를 정하면서 누군가 순서를 바꿔 놓았다고 합니다. 순서를 정정하면 많은 혼란이 있을 수 있으니, 지금까지도 그 순서대로 사용하고 있습니다. 각 번호는 크기만 다른 것은 아니고 동원체의 위치, 흰색 밴드와 검은색 밴드의 굵기, 그리고 밴드의 수도 다릅니다. 동원체를 중심으로 위쪽을 단완(p arm), 아래쪽을 장완(q arm), 각 염색체의 양쪽 끄트머리를 텔로미어(telomere)라고 부릅니다. 각 염색체는 자기 고유의 밴드에도 이름을 갖고 있으며, 숫자로 이루어져 있습니다. 예를 들어 Y염색체의 제일 윗부분을 손으로 가리키지 않아도, 누군가 Yp11.3이라 쓰고 '와이피일일점삼'이라고 읽어주면 임상유전학자들은 직접 보지 않아도 어디를 가리키는지 알 수 있습니다. 그건 정해진 약속입니다.

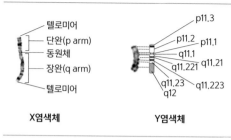

성염색체 X와 Y의 부분별 명칭

한 쌍의 염색체는 같은 위치에서 같은 기능을 하는 유전자가 존재합니다. 즉, 아빠와 엄마로부터 하나씩 받은 유전자 중 어느 쪽 유전자가 우성으로 기능을 발현하는가에 따라, 우리는 엄마나 아빠를 닮게 됩니다. 물론 닮는다는 의미는 단순히 생김의 문제가 아닙니다. 유전자 발현의 산물인 단백질의 문제이다 보니 간혹 안타깝게 병을 일으키는 원인이 되기도 합니다. 유전자가 발현한다는 것은 DNA-RNA-단백질의 '중심원리(central dogma)'를 따르는 것인데, 어려운 이야기는 잠시 접어두겠습니다.

크기가 비슷한 염색체끼리는 그룹으로 묶을 수 있는데, 1~3번은 A그룹, 4~5번은 B그룹, 6~12번과 X는 C그룹, 13~15번은 D그룹, 16~18번은 E그룹, 19~20번은 F그룹, 마지막으로 21~22번과 Y를 G그룹으로 구분합니다. 크기가 크면 클수록 유전자를 많이 가지고 있으므로 큰 번호의 변이일수록 수정란의 생존에 치명적인 영향을 미칩니다.

성염색체 X와 Y의 크기를 비교하면 그 차이가 매우 뚜렷합니다. Y염색체에는 정자 형성에 관여하는 70여 개의 유전자만이 존재하는 반면에, X염색체에는 1,000여 개의 유전자가 존재합니다. 따라서 X염색체에

변이가 있다면, 여성은 또 하나의 X염색체의 도움으로 병증에서 조금 더 자유로울 수 있습니다. 하지만 남성의

다양한 크기와 모양의 Y염색체

경우는 하나밖에 없는 X염색체에 문제가 생기면 치명적인 영향을 받는데, 그 대표적인 예가 혈우병과 같은 유전 질환입니다.

일부 학자들은 1,000만 년 정도 지나면 Y염색체가 사라질 수도 있다고 예견합니다. 1,000만 년이면 까마득한 미래의 일입니다. 완전히 사라진다기보다는 아마 다른 염색체와 융합할 것입니다. Y염색체가 크기는 작을지 몰라도, 남성의 표현형을 나타내는 유일한 기능을 하는 유전자를 가진 염색체이기 때문입니다. 만약 기능까지 없어진다면 성별에 엄청난 혼돈이 오지 않을까요? 갑자기 미래를 소재로 한 영화와 책들이 마구 떠오르겠지만 잠시 접어둡시다. Y염색체의 경우는 사람마다 크기의 변이가 다양합니다. 그러나 아무리 크기가 다양하더라도 유전자의 수와 기능은 변하지 않습니다.

 ## 핵형분석(karyotyping)이란?

맨눈으로 염색체의 수를 세고, 각 염색체가 정상적인 모양인지를 확인하는 것을 핵형분석이라고 합니다. 현미경의 도움을 받기는 하지만, 유전 질환을 의심하게 되면 가장 쉽게 분석할 수 있는 초기 단계의 검사

방법입니다.

수정 이후 엄마의 태내에 자리를 잡은 수정란이 분화하는 과정에서, 태아의 유전자 검사가 필요하게 되

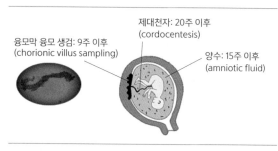

제대천자: 20주 이후
(cordocentesis)

융모막 융모 생검: 9주 이후
(chorionic villus sampling)

양수: 15주 이후
(amniotic fluid)

태아의 유전자 검사 방법

면 태아의 세포를 통해 염색체 검사를 합니다. 세포를 얻는 방법은 태아의 크기에 따라 정해집니다. 일반적으로 임신 주수 9주 이후부터는 융모막 융모 생검이 가능하며, 15주 이후부터는 아기를 보호하고 있는 양수라는 액체 성분을, 20주가 넘어가면 제대천자라는 시술을 통해 엄마와 태아를 연결하는 탯줄에서 피를 뽑을 수 있습니다. 태아에게 바늘을 찔러 세포를 얻어야 하므로 엄마와 태아는 긴장할 수밖에 없습니다.

어렵게 얻은 태아 세포를 이용하여 염색체를 풀어서 잘못된 염기서열을 확인할 수도 있습니다. 염색체 검사는 임의로 연구자들이 DNA를 꼬아 만들어내는 것은 아닙니다. 시술로 얻은 태아 세포는 배양 과정을 거치면서 자연스럽게 세포 분열을 합니다. 여기서 말하는 세포 분열은 난자와 정자를 만들어내는 감수 분열과 다르게, 하나의 세포가 똑같은 두 개의 세포로 되는 체세포 분열입니다. 궁극적으로 감수 분열은 46개의 염색체를 23개로 만들게 되고, 체세포 분열은 같은 46개의 염색체를 가지게 됩니다.

체세포 분열은 하나의 세포가 전기-중기-후기-말기의 순서로 분열

과정을 거치면서 원래의 세포를 복제합니다. 중기 과정은 두 개의 세포로 나뉘기 위해 핵 내 유전 물질이 양쪽 극으로 끌려가는 직전의 시기이며, 실의 형태로 존재하던 DNA가 염색체의 형태를 완전하게 갖추게 되는 순간입니다. 그 순간 준비를 마친 방추사가 각 염색체에 붙어 양쪽 극으로 순식간에 끌어가 세포가 반으로 나뉘게 됩니다. 핵형분석을 위해서는 중기 이후로 넘어가지 못하도록 방추사가 만들어지는 것을 막아야하는데, 그 역할을 콜히친(cochicine)이라는 성분이 해줍니다. 중기 세포에 콜히친을 반응시키면 방추사가 만들어지지 않습니다. 이후 방향을 잃은 염색체는 분열 과정을 마치지 못하고 그 상태에 멈추게 됩니다. 그런 세포들을 모아 염색 과정을 거치면 염색체의 수가 46개인지, 또 제 번호에 맞는 구조로 되어 있는지 현미경으로 관찰할 수 있게 됩니다.

 비정상 염색체란?

간혹 태아들은 정상 염색체를 가지지 못하고 태내에 자리를 잡는 경우가 있습니다. 그런 경우 아픈 아기가 태어나기도 하고, 간혹 태어나지 못하기도 합니다. 다운증후군 아기들처럼 염색체를 하나 더 가져 47개의 염색체를 가질 수도 있고, 터너증후군과 같이 성염색체를 하나만가져 45개의 염색체를 가지는가 하면, 염색체의 일부분만 누락되거나 혹은 중복되기도 합니다. 이렇게 염색체의 이상을 확인하게 되면, 그 염색체 이상이 아기의 표현형에 미치는 영향을 예측할 수 있습니다. 결국 임

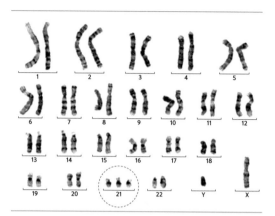

상유전학 연구원들의 주된 업무는, 변이된 유전자가 인간의 표현형에 어떤 영향을 주는가에 대한 연구라고 할 수 있습니다.

이런 맨눈으로 확인되는 유전자의 덩어

21번 염색체가 세 개인 아기의 염색체 47,XY,+21 (다운증후군)

리를 관찰하는 것이 아니라, 실제 염기서열을 일일이 모두 읽어내는 일도 가능합니다. 그러나 무조건 많은 정보가 늘 좋은 것은 아닙니다. 아직 사람에 적용하기 어려운 방법도 있고, 특히 태아에게 적용할 수 없는 방법도 있습니다.

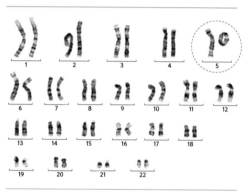

염색체가 고리 모양을 만들면서 일부가 결실된
염색체 46,00,r(5)(p15.2q35.1)dn

 착상 전 유전진단이란?

최근에는 수정란에서 일부 세포를 얻어 유전적으로 안전한 상태인지 확인하는 연구가 활발하게 이루어지고 있습니다. 이를 착상 전 유전 진단이라고 부릅니다. 그러나 굉장히 조심해야 합니다. 수정되었다면 일단 생명체로 간주해야 하고, 인간을 대상으로 함부로 실험할 수는 없기 때문입니다. 그러니 스파이더맨이나 울버린과 같은 슈퍼히어로를 만들어 낼 수 있는지 묻지 말기를 바랍니다. 또한 우리나라에는 생명윤리법이라는 법령이 있습니다. 인간을 대상으로 무언가를 시도할 때는 인간의 존엄성과 윤리적인 상황을 고려하여 여러 번 반복하여 생각하고 행동하라는 의도입니다.

착상 전 유전진단을 하려면 수정은 체외에서 이루어져야 합니다. 난자와 정자가 수정된 이후 한 개의 세포였던 우리는 2개, 4개, 8개로 분화되어 갑니다. 수정 후 3일 정도 지나면 8개의 세포가 되는데 그중 한 개의 세포를 떼어 내거나, 5일 정도 지나면 조금 더 분화된 세포에서 두세 개의 세포를 떼어 냅니다. 수정란이 가진 유전자의 양이 안정적인지 혹은 특정 유전질환에 대한 변이가 있는지를 확인할 수 있습니다.

그런데 8개의 세포에서 한 개를 떼어 내면 아기는 안전할까요? 사실 전혀 걱정하지 않아도 됩니다. 저 시기에는 아직 각 세포가 무엇이 될지 정해지지 않은 상태이기 때문에 금방 없어진 세포를 대체하여 채울 수 있습니다. 수정 후 5일이 지난 수정란에서는 영양외배엽(trophectoderm)이라는 세포를 떼어 낼 수 있습니다. 영양외배엽은 앞으로 아기를 지탱하는 태반이 될 세포인데, 역시 아기한테는 영향을 주지 않습니다. 왜냐하면 매우 왕성한 세포 분열을 통해 분화하는 시기라, 저 정도의 세포가 없어지더라도 그걸 자연스럽게 메우기 때문입니다.

그렇게 얻은 세포를 통해 안전한 유전자를 가진 수정란을 엄마의 자궁 내에 이식하게 됩니다. 그 과정을 착상이라고 하고, 착상이 이루어지면 태반을 형성하여 많은 혈관을 통해 엄마와 영양분, 산소, 에너지 등을 교류하게 됩니다. 태반을 연구하는 학자들은 간혹 그때부터 얽힌 태반의 혈관들 때문에 사춘기가 되면 엄마와 아이의 갈등이 최고조가 되는지도 모르겠다고 합니다. 물론 근거 없는 이야기니 오래 기억하지 말길 바랍니다.

수정이 이루어진 이후는 앞서 이야기했던 내용처럼, 임신 주수에 맞는 방법대로 좀 더 안정적인 아기의 세포들을 얻어 재확인해야 합니다. 수정란에서 얻은 한 개 혹은 두세 개의 세포에는 유전 물질이 워낙 소량만 존재해서 결과에 혼동을 줄 가능성도 있기 때문입니다.

 임상유전학자의 역할

지금까지 눈으로 볼 수 있는 유전자의 형태 중 가장 큰 덩어리인 염색체에 대하여 알아봤습니다. 현재 인간 유전자의 염기서열이 모두 밝혀진 덕분에, 짧은 시간 동안 수많은 정보와 변이를 확인할 수 있습니다. 그러나 발달한 기술과 정보의 양에 비해서 우리는 그것을 활용할 준비가 덜 되어 있습니다. 결국 유전자의 역할은 목적에 맞는 특정 단백질을 만들어 내는 것인데, 그 단백질이 인간의 표현형에 어떤 영향을 주느냐가 임상유전학자들이 풀어야 할 숙제입니다. 밝혀지는 변이의 속도에 맞추어 그 표현형이 모두 증명되고 있지 않기 때문에, 수집된 정보의 공유는 매우 신중해야 합니다. 특히 제 연구 분야인 산부인과 영역에서는 더욱 그렇습니다.

수정란 혹은 태아의 세포에서 얻는 유전 정보에 관한 결과는, 엄격한 기준을 통해 부모에게 알려줍니다. 섣부르고 불명확한 정보가 오히려 부모에게 큰 불안을 주어 극단적인 선택을 할 수도 있기 때문입니다. 태아의 염색체 검사는 다른 최신 검사보다 제공하는 정보가 적을 수도 있습니다. 그런데도 우선시 되는 이유는 무작위로 쏟아지는 수많은 정보가 임산부와 그 가족들에게 혼돈을 줄 수도 있기 때문입니다. 또한 실의 형태로 존재하던 DNA가 단백질과 엉켜서 염색체를 만들었을 때, 입체적인 구조를 만들면서 위치적인 관계가 긍정적 혹은 부정적인 작용을 할수도 있으므로 해상도가 낮은 검사이기는 하나 그 역할을 무시할 수 없습니다.

따라서 임상유전학자들은 많은 과학자가 증명한 방법이나 사실들을 필요한 사람들에게 적절하게 사용하여, 표현형을 예측하고 미래를 계획할 수 있게 도와주는 것이 중요한 역할이라고 할 수 있겠습니다.

주변을 둘러보세요. 과학은 우리와 항상 함께하고 있습니다. 거창한 실험실에서만 할 수 있는 것만이 과학은 아닙니다. 과학은 여러분이 잊고 지냈던 그 어린 시절의 '왜?'라는 질문에서 이미 시작되었고, 그런 의미에서 여러분은 과학자가 틀림없습니다. 무엇이든 될 수 있는 여러분을 응원하겠습니다. 우리 모두 승률 좋은 하나의 특별한 세포에서 시작했다는 과거를 잊지 마세요.

이동숙

함춘불임유전연구센터 연구실장, 중원대학교 임상병리학과 겸임교수. 고려대학교 임상병리학과를 졸업하고, 성신여자대학교 대학원에서 인류유전학을 전공, 고려대학교 의생명융합과학과에서 박사학위를 받았다. 학부 졸업 후 현재 근무 중인 함춘불임유전연구센터에 입사해서 연구와 공부를 병행하고 있으며, 산전유전진단과 발생유전학 분야와 관련된 다양한 연구실적을 쌓아가고 있다.

저는 미생물을 연구하는 과학자입니다. 미생물을 이용하여 사람들을 이롭게 만드는 연구를 하고 있습니다. 아미노산이나 항생제를 만들거나, 맥주·김치·된장과 같은 발효 식품을 만들기도 합니다. 최근 저는 우리 몸의 기관인 장에 관심을 가지게 되었습니다. 장 속에는 40조 마리의 미생물이 살고 있는데, 이를 마이크로바이옴이라고 합니다. 이러한 장내 미생물은 인간과 공생하면서 다양한 역할을 맡고 있습니다. 장내 미생물은 비타민이나 아미노산을 제공하기도 하고, 면역력을 높이기도 합니다. 또한 외부로부터 병원균을 막아주기도 합니다. 만약 장내 미생물이 없다면 우리는 건강하게 살 수 없습니다. 기술이 발달하면서 인간의 질병과 장내 미생물의 인과 관계가 점점 밝혀지고 있습니다. 이제부터 저와 함께 장내 미생물이 무엇이고, 어떤 병을 일으키고, 어떻게 고칠 수 있는지 알아봅시다.

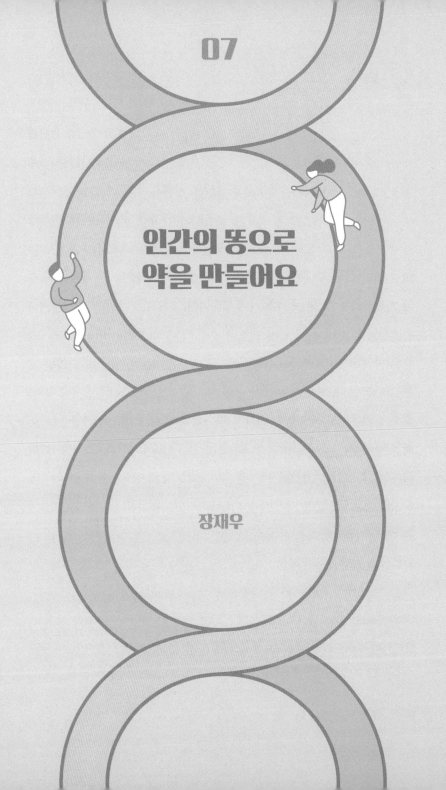

07

인간의 똥으로
약을 만들어요

장재우

개똥을 약으로 쓴다면?

여러분 '개똥도 약에 쓰려면 없다'라는 속담을 들어 본 적이 있을 것입니다. 원래 뜻은 흔한 물건도 막상 쓰려고 하면 찾기 어렵다는 뜻이지만, 왜 옛날 사람들은 하필이면 더러운 개똥을 약에 쓴다고 표현했을까요? 그냥 우스갯소리로 비유를 한 걸까요? 아닙니다. 놀랍게도 옛날 사람들은 실제로 개똥을 약으로 사용했다고 합니다. 우리나라 최고의 명의로 알려진 허준이 쓴 『동의보감』에도 '백구시(흰 개의 똥)는 정창과 누창을 치료한다. 가슴과 배의 적취와 떨어져서 다쳐서 생긴 어혈을 다스리니 소존성으로 하여 술에 타서 먹으면 신효하다'[1] 라고 적혀 있었습니다. 간단히 말하면 흰 개의 똥을 약의 재료로 사용했다는 뜻입니다. 그러면 똥으로 만든 최초의 약은 어디서 나왔을까요? 바로 중국입니다. 4세기, 진나라의 갈홍이라는 의원이 설사를 다스리기 위해서 인간의 똥을 약으로 처음 사용했다는 기록이 있습니다. 그리고 1,200년 후 명나라 의원 이시진은 복부 질환을 치료하기 위해 신선하고 건조하거나 발효된 대변이 들어 있는 '노란 국물'을 사용했다고 합니다. 정말 충격적이지 않나요.

더 놀라운 건 지금도 똥으로 병을 치료하고 있다는 사실입니다. 이 치료법은 학문적인 용어로 '대변이식' 혹은 '분변이식'이라고 합니다. 최

---

1 정창은 작고 딴딴한 뿌리가 박혀 있는 종기를 말하며, 누창은 종기 등이 구멍이 뚫어져서 고름이 흐르고 냄새가 나면서 오랫동안 낫지 않는 병증을 말한다. 그리고 적취는 몸 안에 쌓인 기로 인하여 덩어리가 생겨서 아픈 병을 말하며, 소존성은 한약을 만드는 방법의 하나로 겉은 숯처럼 태우지만 속은 누런 기운이 있도록 태워 그 약효를 보존하는 방법이다.

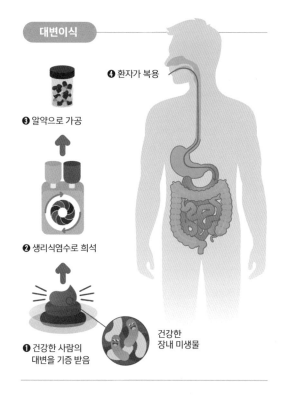

대변이식

❹ 환자가 복용

❸ 알약으로 가공

❷ 생리식염수로 희석

❶ 건강한 사람의
대변을 기증 받음

건강한
장내 미생물

근 항생제의 오남용으로 장내 미생물이 파괴되기도 하는데, 장내 미생물의 수가 줄어들면 클로스트리듐균이라는 병원균이 과다 증식해서 대장염이나 중증 설사가 발생합니다. 이 고약한 병원균은 일반 항생제가 통하지 않아 반코마이신이라는 슈퍼 항생제를 사용해야 할 정도로 치료가 어렵고, 치료가 되더라도 잘 재발하는 편이라 많은 사람의 생명을 빼앗는 병원균 중 하나입니다. 최근 클로스트리듐균을 치료하기 위해 대변이식으로 환자의 장내 미생물의 수를 정상으로 회복시켰더니, 환자의 90%가 치료에 성공해서 많은 의료진의 관심을 끌었습니다. 처음에는 정상인의 대변과 생리식염수를 섞은 액체를 환자의 대장에 대장내시경으로 뿌리는 방식을 사용했는데, 요새는 알약 형태로 만들어서 입으로 먹는 방식으로 발전하고 있습니다. 최근 신약 개발의 마지막 단계인 임상 3상 연구가 진행

중인데 조만간에 허가를 받을 것으로 기대됩니다.

똥이 치료제가 될 수 있는 이유

똥이 왜 치료제로 사용될 수 있을까요? 그 이유를 알려면 똥 속을 자세히 살펴볼 필요가 있습니다. 사실 똥 속에는 엄청나게 많은 미생물이 존재합니다. 똥 속의 미생물은 원래 장 속에서 살고 있다가 똥과 함께 나오는 것입니다. 이 미생물은 유산균이라고 알려진 장내 미생물입니다. 장 속에는 약 40조 마리의 미생물이 살고 있고 이것을 마이크로바이옴(microbiome)이라고 부릅니다. 인간의 세포 수가 약 30조니까 그보다 약 1.3배나 더 많은 미생물이 장 속에서 우리와 함께 살아가고 있습니다. 유전자의 수도 인간이 가지고 있는 유전자보다 약 100배나 많아서 인간이 할 수 없는 일들을 미생물이 대신하고 있습니다.

예를 들면 우리가 매일 먹고 있는 채소와 과일에 많이 들어 있는 식이섬유는 인간의 소화 효소로는 분해하지 못하지만, 장내 미생물이 분해하여 우리에게 에너지를 제공해줍니다. 또한 미생물이 성장하면서 다양한 비타민, 아미노산, 미네랄을 생산하여 우리 몸에 제공합니다. 건강한 미생물이 장 속에서 터줏대감으로 자리잡고 있으면서, 외부에서 들어오는 병원균이나 바이러스의 성장을 방해하기도 하고 항균 물질을 만들어서 감염을 막기도 합니다. 항생제를 많이 먹으면 병원균뿐만 아니라 유익한 미생물도 같이 죽기 때문에 항생제의 오남용을 주의해야 합니다.

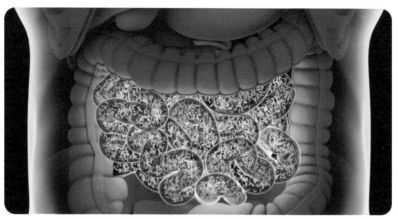
우리의 장 속에는 약 40조 마리의 미생물이 살고 있다.

장내 미생물의 또 다른 역할은 인간과 끊임없이 소통하면서 우리의 면역, 정신 건강, 뼈 성장에도 큰 영향을 줍니다. 특히 우리 몸의 전체 면역 세포 중 70%가 장 속에 존재하기 때문에 면역력에 큰 도움을 줍니다. 우리가 어렸을 때부터 좋은 유산균들이 몸에 들어와서 강한 면역력을 갖도록 해줍니다. 요즘 사람들은 외부로부터 많은 화학 물질을 무의식적으로 먹고 있습니다. 이러한 이물질이 인간에게 해를 입힐 수 있는데, 해로운 이물질을 분해하는 일도 장내 미생물이 합니다. 머지않아 우리 장 속에서 미세 플라스틱을 분해하는 미생물이 생길 수도 있습니다. 이렇게 우리는 장내 미생물에게 많은 도움을 받으면서 오랜 시간 동안 함께 살아왔습니다. 건강한 사람은 건강한 장내 미생물을 가지고 있습니다. 이 것을 건강하지 못한 장내 미생물을 가지고 있는 환자에게 전해준다면, 환자의 장 속을 건강하게 회복할 수 있다는 것이 쉽게 이해가 됩니다.

반대로 장내 미생물은 우리가 살고 있는 환경, 식습관, 생활 방식으로 인해 영향을 받습니다. 우리가 먹는 많은 약들이 장내 미생물의 성장에 영향을 주기도 하고, 매운 음식을 먹으면 설사를 하면서 장내 미생물의 조성을 변하게 만듭니다. 늦게 잠을 자거나 운동을 하는 순간에도 장내 미생물은 끊임없이 변화합니다. 때로는 나이가 들면서 유익한 미생물이 점점 줄어들고 해로운 미생물이 늘어나는데, 그렇게 되면 치매, 암, 관절염 등의 노인성 병들의 원인이 되기도 합니다.

장내 미생물과 인간은 끊임없이 소통합니다. 건강한 사람은 장내 미생물의 균형을 항상 유지하고 있습니다. 하지만 여러 가지 이유로 장내 미생물의 균형이 깨지는 '불균형 상태(dysbiosis)'가 많은 질병을 일으키는 원인이 되고 있습니다. 아토피, 관절염, 암, 장염, 치매, 우울증 등이 대표적인 질병입니다. 장내 미생물은 대사 질환인 비만, 당뇨, 간염 등과도 밀접한 관계를 맺고 있습니다. 특이하게도 아직 치료제가 없는 병들이 대부분입니다. 이것은 우연이 아닙니다. 병의 원인이 복잡해서 하나의 이유로 병이 생기는 것이 아니기 때문입니다. 하지만 장내 미생물을 이용한 치료제가 아직 정복되지 않은 복잡한 질병들을 치료할 수 있습니다.

 ## 장내 미생물 연구의 시작

장내 미생물 연구는 그리 오래되지 않은 새로운 연구 분야입니다. 진화적으로 인간과 오랜 시간 동안 장 속에서 함께했음에도, 그 존재와

무균 쥐를 이용한 장내 미생물 실험

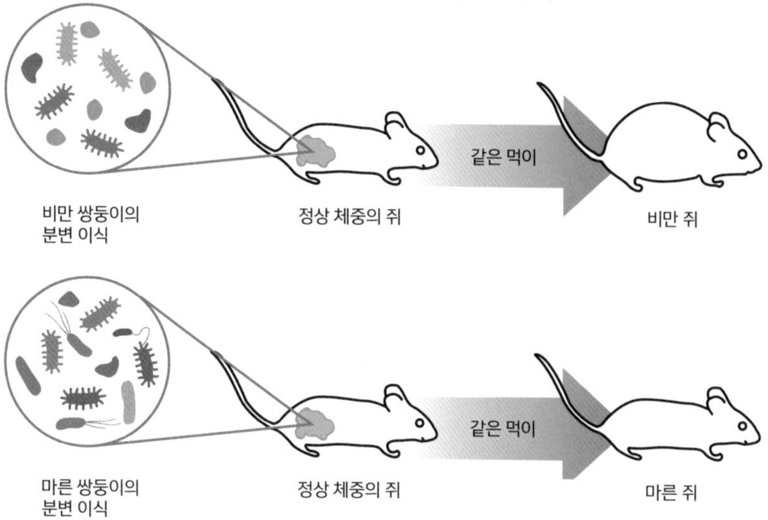

비만 쌍둥이의
분변 이식

정상 체중의 쥐

같은 먹이

비만 쥐

마른 쌍둥이의
분변 이식

정상 체중의 쥐

같은 먹이

마른 쥐

의미를 깨닫게 된 것은 최근의 일입니다. 장내 미생물은 어떤 발표로 인해 세계적인 주목을 받게 됩니다. 2006년 제프리 고든 교수가 이끄는 미국 워싱턴 대학교의 연구진은, 비만을 일으키는 장내 미생물을 발견하여 국제학술지인 《네이처》에 발표했습니다. 연구 대상은 일란성 쌍둥이 자매인데, 한 명은 비만인 반면에 다른 한 명은 마른 체형이었습니다. 비만은 유전되기도 하고 음식과 습관 등의 외부 환경에 의해서도 영향을 받습니다. 하지만 고든 교수는 쌍둥이 자매의 몸무게 차이를 장내 미생물 때문이라고 단정하고 쥐 실험을 진행했습니다.

보통 실험실 쥐와는 달리 무균 상태에서 키운 무균 쥐(germ free mouse)

를 이용했습니다. 이들은 태어날 때부터 무균 상태에서 자라기 때문에 장 속에 미생물이 하나도 없습니다. 이 무균 쥐에 쌍둥이 자매의 분변을 각각 넣어주고 같은 음식을 먹이면서 키운 결과, 비만인 쌍둥이의 분변을 넣은 쥐는 뚱뚱해지고, 마른 쌍둥이의 분변을 넣어 준 쥐는 마른 상태를 유지한 것입니다. 장내 미생물의 차이가 사람을 뚱뚱하게 만든다는 것은 놀라운 발견이었고, 전 세계의 연구자들이 너나 할 것 없이 장내 미생물 연구에 뛰어들게 만들었습니다.

비만을 유발하는 미생물

연구자들은 어떤 장내 미생물이 사람을 뚱뚱하게 만들고, 마르게 만드는지 찾기 시작했습니다. 제일 쉬운 방법은 뚱뚱한 사람들과 마른 사람들의 장내 미생물을 조사해서 비교하는 것입니다. 간단하게 들리지만 생각보다 어려운 일입니다. 왜냐하면 아직 기술 수준이 충분하지 않아서 장내 미생물을 종 수준까지 하나씩 파헤치는 것이 어렵습니다.

앞서 소개한 고든 교수는 인체 내 미생물의 90%는 생물학 분류 계급으로 페르미쿠테스(후벽균)와 박테로이데테스(의간균)의 문(phylum)으로 이루어져 있는데, 페르미쿠테스는 비만을 유발하는 반면에 박테로이데테스는 비만을 막는 균이라고 보고했습니다. 그래서 페르미쿠테스를 뚱보 균이라고 부르기도 합니다. 다이어트의 성공 여부는 뚱보 균이라고 알려진 페르미쿠테스를 얼마나 줄이느냐에 달려 있습니다.

하지만 생물학 분류 계급에서 '문'이라는 계급은 매우 많은 종의 미생물을 포함하는 커다란 그룹으로, 이 그룹의 미생물들이 모두 뚱보 균이라고 하기에는 무리가 있습니다. 또한 페르미쿠테스 문에는 인간에게 유익한 균종들도 많이 있습니다. 인간으로 비유하면 인간은 호모 사피엔스라는 종인데 인간이 포함된 문은 척삭동물문입니다. 이 문에는 포유류, 양서류, 파충류, 어류와 같은 동물이 포함되는데, 물고기가 사람하고 같은 취급을 당하는 셈입니다. 좀 더 세밀하고 정교하게 분류할 필요가 있습니다.

최근에 차세대 염기서열 분석법이 개발되어 빠르고 정확하게 장내 미생물의 DNA를 분석할 수 있지만, 아직 종 수준의 미생물까지 비교해서 찾아내지는 못합니다. 포유류냐 양서류냐 정도까지 구분하는 수준이어서 아직 사람과 돼지조차 구분할 수 없습니다. 하지만 많은 연구자가 이런 어려움에도 불구하고 비만을 막는 미생물을 찾는 데 성공합니다. 그 중 가장 잘 알려진 연구로 '아커만시아 뮤시니필라'라는 미생물이 비만인 사람에게는 없고 마른 사람에게 많다는 사실이 밝혀졌습니다. 쌍둥이 자매 실험처럼 이 미생물을 넣어준 쥐는, 안 넣어준 쥐보다 고지방 먹이를

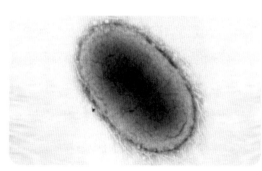

비만인 사람에게는 없는 아커만시아 뮤시니필라

먹어도 뚱뚱하지 않고 마른 체형을 유지했습니다.

이 장내 미생물은 우리 대장에서 점막이라는 물질을 먹이로 삼습니다. 그리고 점막을 분해하면서 초산이라는 단쇄지방산을 만들어 내는데, 이것을 다시 먹이로 삼는 다른 장내 미생물들이 자라면서 부틸산, 프로피온산이라는 단쇄지방산을 만들어 냅니다. 이러한 단쇄지방산들은 장 점막을 튼튼하게 하여 병원균이 몸속에 들어오지 못하게 막는데, 덕분에 장 속의 염증이 감소하여 비만을 억제하는 것으로 알려져 있습니다. 또한 교감신경을 활성화해 에너지 소비를 늘리기도 하는데, 인체의 대사 균형을 조절하는 역할을 수행하는 것입니다.

장내 미생물은 에너지 대사와 같은 소화기관이면서 우리의 식욕까지 관리합니다. 장내 세포들은 다양한 호르몬을 생성합니다. 특히 우리가 먹은 음식물이나 장내 미생물이 내는 물질이 장내 세포를 자극하여 호르몬을 분비하게 됩니다. 그 호르몬이 뇌까지 전달되면 배가 부르다는 신호를 몸에다 보냅니다. 그러면 우리는 포만감을 느껴 더 이상 음식을 먹지 못합니다.

하지만 비만인 사람은 이러한 신호 전달이 망가진 탓에 아무리 많이 먹어도 배고픔을 느끼게 됩니다. 이러한 신호 교란은 장내 미생물의 변화 때문입니다. 식욕을 조절하는 약들도 있지만 화학 물질이라 부작용이 심한데, 장내 미생물로 부작용이 없는 약을 개발할 수도 있습니다. 하나의 뚱보 균은 없습니다. 다양한 미생물이 비만에 영향을 줍니다. 몇몇 뚱보 균이 아니라 뚱보 균총(균들의 집합)이 존재하며, 각각의 미생물이 무엇이며 어떤 일을 하는지 밝혀질 것입니다. 미생물이 유산균처럼 만들어져 홈쇼핑이나 약국에서 팔리는 날도 그리 멀지 않았습니다.

 ## 미생물이 우리의 행동을 결정한다고?

〈연가시〉라는 영화를 본 적이 있나요? 영화에서 연가시가 사람 몸에 기생하며 극심한 갈증을 유발시켜 물속으로 뛰어들게 유도하는 장면이 나옵니다. 원래 연가시는 철사같이 생긴 기생충으로 꼽등이, 메뚜기, 사마귀와 같은 곤충에게 기생합니다. 그러다가 유충이 어느 정도 자라서 성체가 되어 산란기를 맞을 때쯤, 신경조절 물질을 분비해 숙주의 뇌를 조종합니다. 뇌를

〈연가시〉(2012)

조종당한 곤충은 물가로 뛰어들어 자살하는데, 이때 연가시는 숙주의 생식기관이나 등을 뚫고 몸 밖으로 나옵니다. 그렇게 물에서 생활하다가

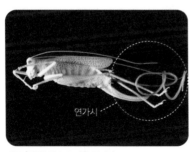

메뚜기의 몸 밖으로 나온 연가시

수많은 알을 낳고 번식합니다.

사실 장내 미생물도 우리의 정신과 행동을 조정합니다. 앞서 설명했듯이 다이어트가 힘든 이유는 장내 미생물이 식욕을 조정함으로써 배고픔을 심각하게 유발하기 때

문입니다. 장 속에 음식이 가득 찼는데도 아직 배가 고프다는 신호를 장내 미생물이 끊임없이 내는 것입니다. 잠을 못 자거나 스트레스를 받으면 장내 미생물의 조성에도 변화를 주게 되고, 이러한 장내 미생물의 불균형이 뇌에 신호를 주어 우리의 의지와는 상관없이 단 음식을 먹게 하는 것입니다. 마치 연가시처럼 장내 미생물이 우리의 기분을 조절하기도 합니다. 우울증 환자들이 가진 장내 미생물을 실험용 쥐에게 이식하면, 쥐 역시 불안한 행동과 겁을 내고 쉽게 목숨을 포기하는 행동을 보였습니다. 반대로 건강한 사람의 장내 미생물을 이식한 쥐는 평상시와 같았습니다. 뇌와 장은 실제로 수많은 신경세포의 네트워크를 통해 연결되어 있는데 각종 화학 물질과 호르몬, 단백질이 복잡한 신경 연결 도로를 따라 온몸 여기저기로 이동합니다. 그래서 장을 제2의 뇌라고 부르기도 합니다.

알츠하이머병과 장내 미생물

가끔 드라마나 영화에서 할머니나 할아버지께서 치매에 걸려 주변의 많은 사람이 고생하는 장면을 봤을 것입니다. 나이가 들어 뇌 속의 신경세포가 퇴행하여 기억력이 사라지고 행동도 못 하게 되는 불치병으로 보통 생각합니다. 치매의 원인은 다양하지만 가장 유명한 것이 알츠하이머병입니다. 이 병은 치매를 일으키는 가장 흔한 퇴행성 뇌 질환으로, 1907년 독일의 정신과 의사인 알로이스 알츠하이머 박사에 의해 최초로 보고되었습니다.

알츠하이머병은 발병하여 매우 서서히 진행되는 게 특징입니다. 초기에는 주로 최근 일에 대한 기억력에서 문제를 보이다가, 점점 언어 능력이나 판단력 등 여러 인지 기능의 이상을 동반합니다. 그러다가 결국에는 일상 생활이 아예 불가능해집니다. 발병 원인에 대해서는 아직 정확히 알려지지 않아서 치료제가 없습니다.

알로이스 알츠하이머

현재는 베타 아밀로이드라는 단백질이 과도하게 만들어져 뇌에 침착 되면서 뇌세포에 해로운 영향을 주는 것이 발병의 핵심 원인으로 알려 져 있습니다. 그 외에도 뇌세포의 골격 유지에 중요한 역할을 하는 타우 단백질의 과인산화, 염증 반응, 산화적 손상 등도 뇌세포를 손상시켜 발 병에 영향을 미치는 것으로 보입니다. 베타 아밀로이드가 뇌에 침착되는 것을 방지하는 약물들이 개발되고 있지만, 계속해서 임상에서 실패하고 있습니다. 다른 한편으로는 타우 단백질의 변형을 막는 약물들도 개발되 고 있지만, 이 또한 쉽지 않습니다.

최근 알츠하이머병이 장내 미생물과 연관이 있다는 사실이 밝혀지고 있습니다. 서울대와 경희대 연구진은 장내 미생물로 알츠하이머병을 치 료할 단서를 찾았습니다. 먼저 연구진은 알츠하이머병이 발병한 쥐에게 서 병세가 나빠질수록, 정상 쥐와 장내 미생물의 구성에서 차이가 나는 것을 확인했습니다. 알츠하이머병에 걸린 쥐의 장내 미생물 구성이 정상

장내 미생물은 치매와도 연관이 있다.

쥐와 다르게 변한 것입니다. 연구진은 알츠하이머병으로 장내 미생물의 균형이 깨진 쥐에게, 16주간 주기적으로 건강한 쥐의 대변에 있는 장내 미생물을 이식했습니다. 그 결과 알츠하이머병에 걸린 쥐의 기억과 인지 기능 장애가 회복되고, 뇌에서 단백질 축적과 신경세포의 염증 반응도 완화됐다고 설명했습니다.

나이를 먹으면 장의 벽이 약해집니다. 그러면 장내 미생물은 약해진 장의 벽을 뚫고 몸으로 들어와, 혈액을 통해 온몸으로 돌아다니게 됩니다. 젊은 사람들은 면역력이 높아 미생물을 쉽게 제거하지만, 노인은 노화로 면역력이 약해진 상태라 장의 벽을 뚫고 온 미생물을 방어하는 것이 힘에 부칩니다. 혈액을 타고 다니는 미생물은 결국 뇌 속에도 침투합니다. 뇌는 장의 벽처럼 혈액뇌장벽이 있어 미생물이 함부로 못 들어오지만, 노인은 노화로 이 마지막 장벽도 약해져 있습니다. 이렇게 뇌 속에 들어온 미생물은 뇌에 염증을 일으킵니다. 강하지는 않지만 염증을 끊임없이 유발합니다. 뇌는 뇌 속에 침투한 미생물을 제거하기 위해서 베타 아밀로이드라는 단백질을 만들어 내는데, 이것이 오랫동안 지속되면 오히려 뇌의 신경세포들을 죽이게 됩니다. 그래서 기억력이 떨어지고 결국에는 운동 능력도 떨어지게 됩니다.

결국 장내 미생물에서 모든 게 시작된 것입니다. 연구자들은 여기에서 착안하여 새로운 치료제를 개발하고 있습니다. 약해진 장의 벽을 다시 튼튼하게 보수하는 미생물을 찾아내어 보충하는 방법을 개발하기도 하고, 뇌 속에서 발생하는 염증을 낮춰주는 미생물을 개발하기도 합니다. 앞으로 장내 미생물을 이용한 알츠하이머 치료제가 개발되면, 전 세계의 많은 치매 환자의 목숨을 구할 뿐만 아니라 막대한 치료 비용도 줄일 수 있습니다. 그리고 70세도 건강하게 사회활동을 할 수 있는 100세 시대가 열릴 것입니다.

 ## 장내 미생물과 인간의 미래

우리의 장 속에는 약 1킬로그램에 해당하는 미생물이 살고 있습니다. 이들은 인류의 역사와 함께한 존재입니다. 인류가 사냥하던 시기에는 육류 위주의 음식을 소화할 수 있는 장내 미생물이, 농경 시대에는 쌀이나 밀과 같은 곡식 위주의 음식에 맞는 장내 미생물이 존재했을 것입니다. 산업화 시대에는 공해가 심해 다양한 화학 물질이 장 속에 들어오고, 이러한 화학 물질을 분해하는 미생물도 진화적으로 발생했을 것입니다. 최근에는 미세 플라스틱 같은 물질에 노출되면서 아마 몇 년 후에는 미세 플라스틱을 분해하는 미생물도 나타날 것입니다.

이렇게 장내 미생물은 사람에게 유익한 기능을 하면서도 때로는 위태롭게 만들기도 합니다. 단지 소화를 돕는 역할이 아니라, 다양한 질병과

장내 미생물은 소화뿐만 아니라 면역력도 책임지고 있다.

도 밀접한 관계를 맺고 있기 때문입니다. 여기서 언급한 예들도 일부분에 불과합니다. 암, 관절염, 당뇨병과 같은 질병에도 장내 미생물이 중요한 역할을 합니다.

또한 장내 미생물은 태어날 때부터 끊임없이 자극을 주면서 우리의 면역력을 훈련하고 강하게 만듭니다. 튼튼하게 다져진 면역력은 코로나19와 같은 강력한 감염병도 이기게 만듭니다.

장내 미생물은 40조 개의 미생물로 이루어진 아주 복잡한 생태계입니다. 사람마다 똑같은 장내 미생물은 없습니다. 심지어 일란성 쌍둥이도 장내 미생물의 구성이 아주 다릅니다. 그래서 특정 유산균이 우리 몸에 들어와도 똑같은 효과를 내지 못합니다. 유산균이 맞는 사람이 있고, 맞지 않는 사람도 있습니다. 하지만 과학기술이 점점 발전함에 따라 우리는 각자 자기의 장내 미생물을 조사할 수 있습니다. 몇 개의 회사들이 생겨나고 일반인들도 장내 미생물 분석 서비스를 받을 수 있게 되었습니다. 자기에게 어떤 미생물이 많고 적은지 알게 되고, 병을 일으킬 수 있는 미생물의 존재도 알게 될 것입니다.

게다가 특정 암의 발생 확률도 예측할 수 있습니다. 의사들은 장내 미생물 분석 결과를 바탕으로 개인맞춤형 치료제를 처방하게 될 것입니다. 암은 물론이고 치매와 관절염까지 예방하여 80세의 노인도 젊은 사람 못지않게 활발하게 활동을 하는 건강한 사회가 될 것입니다. 이것이 장내 미생물이 선사하는 미래의 모습일 것입니다. 장내 미생물로 만든 안전하고 효과 있는 신약, 여기에 우리의 미래가 있습니다. 장내 미생물의 세계는 아직 아무도 들어온 적이 없는 보물로 가득한 보물섬이나 마찬가지입니다. 여러분도 장내 미생물이라는 넓고 신비한 세상에 도전해 보시기 바랍니다.

장재우

KAIST 생물과학과에서 학사, 석사 학위를 받았다. 석사를 마친 후 CJ제일제당의 연구소에서 20년 이상 미생물 연구를 하고 있으며 최근에는 미래기술로서 암, 당뇨병, 비만, 치매 같은 불치병을 낫게 하는 마이크로바이옴 기반의 신약 개발을 하고 있다. 작년 처음 '10월의 하늘'에서 강연하기 시작했고 이를 통해 청소년들을 과학자의 길로 이끌어주고 싶은 바람을 갖고 있다.

공룡 똥에서는 무슨 냄새가 날까요? 답을 찾으려면 공룡 똥이 화석이 되는 과정에서 어떤 정보를 남기고 잃어버리는지 알아야 합니다. 이것을 통해 지구의 역사를 이해하는 데 화석이 어떻게 활용되는지 알 수 있습니다. 또한 공룡이 어느 시대에 살았고 어떤 동물이며, 대한민국 공룡 발견의 역사를 살펴보겠습니다. 육식 공룡과 초식 공룡은 어떻게 구분하고, 공룡의 육아법은 어땠으며, 공룡이 멸종한 이유는 과연 무엇일까요? 공룡과 화석의 놀라운 세계로 떠나봅시다!

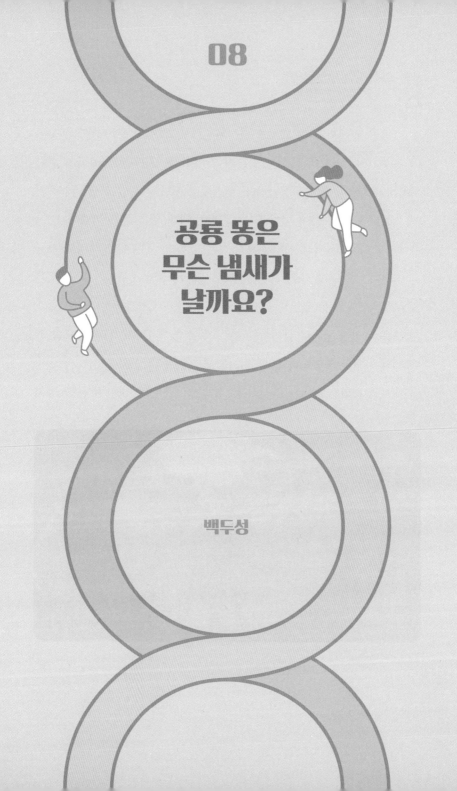

08

공룡 똥은
무슨 냄새가
날까요?

백두성

공룡 똥에서 무슨 냄새가 나는지 알아보려면, 공룡이 어떤 생물이 며 공룡 똥이 어떻게 화석이 되는지 알아야 합니다. 먼저 화석에 관한 이야기로 강연을 시작하겠습니다. 화석이란 옛날에 살았던 생물이 죽어 서 그대로 땅속에 들어 있거나, 그 흔적이 남아 있는 것을 말합니다. 그 중에서도 공룡의 뼈나 삼엽충의 껍질은 체화석, 공룡이나 새의 발자국 은 흔적 화석이라고 부릅니다. 아무튼 생물이 살았던 증거가 되는 것은 모두 화석이라고 볼 수 있습니다.

보통 화석이 되면서 살이나 피부는 썩어 없어지는데, 원래의 모습 그 대로 남는 경우도 있습니다. 예를 들면 시베리아의 영구동토층에서 냉동 된 채로 발견되는 매머드 화석이나, 호박 속에 그대로 보존된 곤충 화석

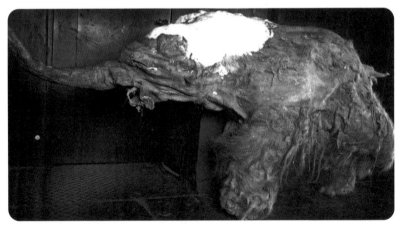

냉동된 채로 발견된 매머드 화석

이 있습니다. 그런데 여기에서 말하는 옛날의 기준은 언제일까요? 지금
으로부터 1만 년 전입니다. 사람의 뼈가 발견되었는데 1만 년보다 오래되
었으면 고인류 화석이고, 그렇지 않다면 유골로 분류합니다. 사실 이 1만
년이라는 기준은 인류가 문명 생활을 한 시기, 다시 말하면 역사 시대를
기준으로 합니다.

화석은 어떻게 만들어질까?

지구의 나이는 약 46억 년입니다. 최초의 생물은 약 38억 년 전에
나왔다고 합니다. 38억 년 전부터 지금까지 수많은 생물이 태어나고 죽
었을 텐데, 화석이 쉽게 만들어졌으면 지구는 화석으로 꽉 찼을 것입니
다. 일반적으로 생물이 죽으면 썩어버리거나, 다른 생물이 먹어버리거나,
물이나 바람에 쓸려 없어집니다. 동물이 죽고 나서 화석이 되려면 먼저
빠르게 땅속에 묻혀야 합니다. 그리고 '화석화 작용'을 거치게 됩니다. 땅
속에 묻힌 뼈는 시간이 지나면 땅속 주변의 광물질과 치환 작용을 거쳐
돌이 됩니다. 화석은 말 그대로 '돌로 변하는(化石)' 것입니다.

이런 화석은 주로 퇴석암에서 발견됩니다. 암석은 만들어지는 과정에
따라서 화성암, 변성암, 퇴적암으로 나눌 수 있습니다. 화성암은 마그마
가 식어서 만들어지는 암석이므로 화석이 있었더라도 녹아서 없어졌을
것입니다. 변성암도 열과 압력으로 변형되는 것이라 화석이 보존되기 어
렵습니다. 퇴적암은 입자들이 쌓여서 만들어지는데, 이때 생물의 사체가

들어가면 화석이 만들어집니다. 여러분이 계곡의 절벽이나 땅을 파거나 산을 깎은 곳을 지나는데 그곳이 퇴적암이라면, 화석을 발견할 수도 있으니 잘 살펴보세요.

노출된 화석을 발견하면 그 주변부를 파헤쳐서 화석 부분만 떼어 냅니다. 화석이 크면 굴착기 같은 중장비를 이용할 수도 있고, 화석이 작으면 망치나 끌, 칼과 붓을 사용합니다. 대규모 화석지에서 장기간 작업하기 힘들다면, 화석이 포함된 암석을 석고로 둘러싸서 떼어 내고 실험실로 운반해서 작업을 계속합니다.

✛ 화석의 역할(1): 지층의 나이를 알려주다

화석이 알려주는 가장 중요한 정보는 지층의 나이입니다. 여기에서 말하는 나이는 상대적인 나이로, 삼엽충이 나오는 지층은 매머드가 나오는 지층보다 오래되었다는 뜻입니다. 고생대, 중생대, 신생대 같은 지질 시대를 나누는 기준이 바로 특정 생물 화석의 유무입니다. 삼엽충이 나오는 시기를 고생대라고 부르고, 공룡이 나오는 시기를 중생대라고 부릅니다. 이렇게 지층의 나이를 알려주는 화석을 표준 화석이라고 부르는데, 표준 화석이 되려면 몇 가지 조건이 필요합니다. 우선 전 세계에서 발견되어야 합니다. 한 지역에서만 발견되는 화석이라면 비교할 대상이 적어서 안 됩니다. 그래서 유용한 화석이 바다에서 떠다니는 생물이나 헤엄을 치는 암모나이트, 멀리 이동하는 대형 포유동물 등이 해당합니다. 제가 전공한 유공충이라는, 바다에서 사는 단세포 생물도 대표적인 표준 화석입니다. 그다음은 진화 속도가 빠르고 생존 기간이 짧아야 합니다.

그렇다면 '삼엽충이 발견된 지층은 고생대다'라는 것만 알면 끝일까요? 고생대는 5억 8,000만 년 전부

삼엽충 화석

터 2억 5,100만 년 전까지 3억 년이 넘는 기간인데, 그것만 알아서 연구에 쓸모가 있을까요? 여기에서 말하는 삼엽충은 삼엽충강(class trilobita)에 속하는 모든 동물을 말하는 것이 아니라, 삼엽충에 속하는 각각의 종(species) 또는 속(genus)을 말하는 것입니다. 한 지층에서 여러 종의 삼엽충이 나온다면 각 종의 생존 기간의 교집합이, 그 지층이 퇴적된 시기가 되는 것이어서 시대 범위를 더 좁힐 수 있습니다.

지질 시대를 조금 더 자세히 알아보겠습니다. 지질 시대는 크게 은생 이언(eon)과 현생 이언으로 나눌 수 있습니다. 은생(隱生)은 생물이 숨어 있다는 뜻으로, 작고 말랑말랑한 생물이 살던 시기라 화석을 찾아보기 힘듭니다. 현생(顯生)은 생물이 잘 보인다는 뜻입니다. 이언 다음은 대(era)로 나눕니다. 오래된 시기인 고생대, 새로운 시기인 신생대, 그 가운데가 중생대입니다. 대를 다시 나누면 기(period)입니다. 고생대는 6개의 기로 나누는데, 오래된 시기부터 캄브리아기, 오르도비스기, 실루리아기, 데본기, 석탄기, 그리고 페름기입니다. 중생대는 트라이아스기, 쥐라기, 백악

기로 나뉘고, 신생대는 제3기와 제4기로 나뉩니다.

그런데 기의 다양한 이름은 어떻게 붙여졌을까요? 캄브리아기는 웨일스의 옛 이름인 캄브리아에서, 데본기는 잉글랜드의 데본주에서 유래한 것입니다. 페름기는 러시아의 페름 지방에서 따왔습니다. 아무래도 지질학이 처음 연구된 유럽의 이름이 많이 있습니다. 석탄기는 석탄이 많이 포함된 지층이 쌓인 시기라는 의미에서 붙인 이름이고, 백악기(cretaceous)는 이 시기의 조개나 산호류에서 만들어진 탄산칼슘이 퇴적하여 형성된 백악(분필, 영어로 chalk, 라틴어로 creta)에서 유래한 것입니다. 트라이아스기는 이 시기에 독일의 지층이 3개로 뚜렷이 구분되기 때문에 붙여진 이름입니다.

이러한 이름은 붙이는 사람이 마음대로 정합니다. 정확하게 표현하자면 그 시기를 연구한 학자가 새로운 기준을 정하고 학술지에 논문이 게재되면 그 이름을 쓰는 것입니다. 연구자들은 그 이름을 계속 써야만 하고, 누군가 다른 증거를 발견하여 새로운 시대를 붙이게 되면 이전 이름은 쓰지 않게 됩니다. 지질 시대와 지층의 이름에 관해서 더 궁금하다면 고생물학자인 손장원 박사님의 웹툰 〈달이 내린 산기슭〉을 추천합니다. 더 이상 쓰이지 않게 된 지층의 이름을 소재로 한 예쁘고 재미있는 작품입니다.

✚ 화석의 역할(2): 당시의 환경을 알려주다

또한 화석은 지층이 퇴적될 당시의 환경을 알려줍니다. 지질학의 가장 기초가 된 이론인 동일과정설은 제임스 허턴이 주장했고, 지질학의 아버지라고 불리는 찰스 라이엘이 쓴 『지질학의 원리』를 통해 널리 알려진 이론입니다. 라이엘은 '현재는 과거의 열쇠다'라고 했는데, 과거에 일어난 일을 알고 싶으면 현재 어떤 일이 일어나는지 살펴보라는 의미입니다. 예를 들어 산호 화석이 발견된 지층은 따뜻하고 맑고 얕은 바다였을 것이고, 고사리 화석이 발

산호 화석

고사리 화석

견된 지층은 어둡고 습한 산기슭일 것입니다.

　물론 여기에도 주의할 점이 있습니다. 제가 연구한 포항의 신생대 이암 지층에서는 게나 불가사리 화석과 나뭇잎 화석이 함께 발견됩니다. 이 퇴적암은 깊은 바다에서 만들어졌습니다. 그럼 나뭇잎은 어떻게 된 것일까요? 산에 있는 나무에서 떨어진 잎이 개울과 강을 따라 바다로 흘러가서 쌓인 것입니다. 화석이 발견되면 이 생물이 죽은 그 자리에서 화석이 되었는지 아니면 죽은 후에 이동해서 화석이 되었는지 잘 살펴보아야 합니다. 예를 들어 익룡 화석이 발견된 지층은 어떤 환경일까요? 익룡이 하늘을 날다가 산이나 바다에 떨어져 죽을 수도 있으니, 익룡 화석

은 퇴적 환경을 신중하게 해석해야 합니다. 한편 발자국 화석은 어떨까요? 발자국의 특성은 지워질 수는 있어도 이동할 수는 없다는 것입니다. 그러니 발자국 화석이 발견되면 퇴적 환경을 연구할 때 이동에 대한 걱정은 하지 않아도 됩니다.

공룡의 시대 중생대로!

공룡의 정의는 무엇일까요? 공룡은 2억 5,220만 년 전부터 6,500만 년 전까지, 중생대에 육지에서 살았던 파충류의 일종입니다. 그러니 무시무시한 티라노사우루스나 거대한 브라키오사우루스는 공룡이지만, 바다에 살았던 모사사우루스나 익룡인 프테라노돈은 공룡이 아닙니다. 시조새는 이름은 새지만 소형 육식 공룡입니다. 자, 그럼 중생대에 육지에서 살았던 악어나 거북은 공룡일까요? 아닙니다. 그렇다면 그 차이는 무엇일까요? 바로 엉덩이뼈(골반)의 차이입니다. 공룡은 엉덩이뼈에 다리가 나란히 붙어 있고, 악어나 거북은 옆으로 붙어 있습니다. 그래서 공룡은 사람처럼 달릴 수 있고, 악어나 거북은 몸을 땅에 붙이고 움직입니다. 공룡은 엉덩이뼈의 모양에 따라서 크게 두 가지로 나누어집니다. 엉덩이뼈가 도마뱀을 닮으면 용반류, 새를 닮으면 조반류로 나눕니다.

그런데 실제로 공룡을 본 적이 없는데, 영화에서 공룡이 자연스럽게 움직이는 모습을 어떻게 재현한 것일까요? 우선 전체 공룡 뼈가 필요합니다. 하지만 수백 개의 공룡 뼈가 모두 다 온전히 발견되는 것은 거의 불가능합니다. 일부를 다른 공룡이 뜯어 먹었거나, 물과 바람에 쓸려갔거나, 삭아버렸을 수도 있으니까요. 사실 최초로 발견된 공룡 뼈는 이구아노돈인데 이빨만 발견되었습니다. 이구아나의 이빨처럼 생겼다고 해서 이구아노돈이라고 붙였습니다. 돈은 이빨을 의미합니다. 나중에 벨기에의 광산에서 여러 마리의 이구아노돈 화석이 발견되어 전체 모습을 알게되었지만, 많은 경우 부분만 발견됩니다.

이렇게 처음 발견된 일부 공룡 뼈에다 다른 지역에서 발견된 같은 종의 공룡 뼈로 퍼즐을 맞춥니다. 모자란 부분이 있으면 같은 분류군에 해당하는 공룡 뼈를 활용해서 빈칸을 채우고, 그래도 모자라면 비슷한 현생 파충류의 뼈를 연구해서 빈칸을 채우는 방식으로 전체 공룡 뼈를 예상합니다. 이렇게 제한된 증거로 공룡 뼈 전체를 복원하는 과정을 저는 '과학적 상상력'을 동원한다고 표현합니다. 살아 있는 현재의 모습이 아닌 뼈, 그것도 부분적인 뼈만으로 해석해야 합니다. 그래서 생물학적·골격학적 지식을 동원한 합리적이고 과학적인 상상력이 필요합니다.

전체 뼈의 모습을 복원하고 나면, 그 뼈 위에 근육을 붙이고 살을 붙이고 피부를 붙이는 과정이 계속됩니다. 범죄수사물을 보면 뼈만 남은 피해자의 얼굴을 컴퓨터를 이용해서 복원하는 모습을 본 적이 있을 텐데 그런 방법을 동원합니다. 복원한 공룡의 모습을 2차원에서 3차원으로 표현할 수도 있습니다. 그다음 과정은 움직임인데 골격과 관절의 모습, 그리고 전체 공룡의 형태와 현생 동물들의 움직임을 참고해서 공룡의 움직임을 재현해내는 것입니다.

또한 공룡은 먹이에 따라서 육식과 초식, 그리고 잡식성으로 나눌 수 있습니다. 발견된 공룡의 이빨이나 발톱을 보면 무엇을 먹었는지 알 수 있습니다. 육식 공룡은 고기를 찢기 쉬운 뾰족한 이빨을 가지고 있습니다. 거기에 스테이크 칼처럼 톱니가 나 있는 것이 특징입니다. 발톱도 뾰족하고 날카롭습니다. 초식 공룡의 이빨은 풀을 베기 편리한 면도날 같은 모습입니다. 그리고 공룡의 배 속을 들여다보는 방법도 있습니다. 배속에 아직 소화되지 않은 먹이가 남아 있는 경우도 있으니까요. 다른 동물의 뼈가 들어 있으면 육식, 풀이나 열매가 있으면 초식이겠지요? 공룡이 무엇을 먹고살았는지 알 수 있는 또 다른 방법은 공룡의 똥을 관찰하는 것입니다. 드디어 공룡 똥에 관해 이야기할 차례가 왔습니다. 사실 공룡 똥은 여러분이 공룡과 화석에 관심을 갖고 이해하는 것을 돕기 위해 쓴 것입니다. 공룡 똥이 어떤 의미를 갖는지 이제 알아볼까요?

✚ 공룡 똥은 무슨 냄새가 날까?

공룡 똥은 어떤 종류가 있을까요? 앞서 현재는 과거의 열쇠라고 말했듯이 현생 육식 동물과 초식 동물의 똥을 보면 알 수 있습니다. 서울대공원 동물원에서 코끼리 똥을 보면 초식 동물의 똥이 어떤 모양이고 소화가 덜 된 풀들이 어떻게 포함되어 있는지 알 수 있습니다. 호랑이의 똥은 길쭉한 모양인데 육식 공룡의 똥도 아마 그런 모습일 것입니다. 그러면 공룡 똥은 무슨 냄새가 날까요? 허무한 답일 수도 있지만, 공룡 똥은 냄새가 나지 않습니다. 화석이 되는 과정에서 돌이 되었기 때문에 냄새는 벌써 없어졌습니다. 냄새뿐만 아니라 색깔도 남아 있지 않습니다. 화석은 화석화 과정에서 암석의 색깔에 영향을 받기 때문에 원래의 색일 수도 있고, 아닐 수도 있습니다.

공룡 똥 화석

+ 공룡의 육아법

공룡은 파충류이기 때문에 알을 낳았습니다. 착한 어미 공룡이라는 뜻의 마이아사우라가 알을 낳는 과정을 알아보겠습니다. 마이아사우라는 둥지를 만들기 위해 모래와 흙을 쌓고 그 가운데에 얕은 구덩이를 파서 둥지를 만듭니다. 그 둥지에 약 20개의 알을 낳고, 그 위에 모래나 식물을 덮어 따뜻하게 보호해줍니다. 이 커다란 공룡이 알을 품게 되면 알이 깨져버리기 때문입니다. 시간이 흘러 알이 부화하게 되면 새끼 마이아사우라가 태어납니다.

여기에서 공룡과 현생 파충류의 차이를 볼 수 있습니다. 현생 파충류인 바다거북이 알을 낳는 모습을 TV에서 많이 보았을 것입니다. 어미 바다거북은 알을 낳고 바다로 돌아가버립니다. 새끼는 태어나면 자신의 힘으로 바다를 향해 이동하게 되는데, 이때 많은 새끼가 새들에게 잡아먹힙니다. 그런데 공룡은 어미가 태어난 새끼를 떠나지 않고 보호했다는 증거가 있습니다. 둥지 화석에서 어느 정도 자란 새끼가 발견되기 때문입니다. 그렇게 보면 공룡은 무서운 파충류라는 이름과 다르게, 따뜻한 모성애가 있는 동물이었던 것 같습니다. 우리나라의 유명한 공룡 알둥지 화석은 경기도 화성시의 시화호 공룡 알 화석지와 전남 신안군 압해도 육식 공룡 알둥지 등이 있습니다.

✚ 공룡의 발자국

공룡 발자국은 공룡 뼈 못지않게 중요한 정보를 주는 화석입니다. 우

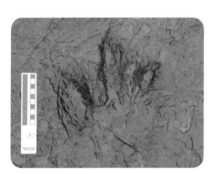

수각류의 발자국

용각류의 발자국

선 공룡 발자국을 보면 공룡의 종류를 알 수 있습니다. 정확히 어떤 종인지 알기는 어렵지만, 육식 공룡인 수각류인지 대형 초식 공룡인 용각류인지 같은 구분은 가능합니다. 그리고 발자국의 크기를 통해 공룡의 크기를 짐작할 수도 있고, 눌린 깊이를 통해 공룡의 무게도 가늠할 수 있습니다.

공룡 발자국이 하나가 아니라 여러 개가 나란히 있으면 보행렬이라고 부릅니다. 걸어간 발자취라는 의미입니다. 보행렬에서는 더 많은 정

보를 알 수 있습니다. 우선 네발 공룡의 앞발과 뒷발 발자국을 통해 공룡의 몸길이를, 발자국의 간격을 보면 공룡이 걸어간 속도를, 그 간격이 넓어진다면 가속도를 구할 수도 있습니다. 육식 공룡과 초식 공룡의 보행렬이 만났다가 한 종류만 남게 된다면 누가 이겼는지 알 수 있고, 초식 공룡의 보행렬 사이에 작은 발자국들이 있다면 코끼리 떼처럼 새끼들을 가운데 두고 무리 지어 이동하는 모습을 상상할 수도 있습니다. 이렇게 공룡 발자국은 공룡의 생태를 알려주는 중요한 화석입니다. 대한민국은 미국, 아르헨티나와 함께 세계 3대 공룡 발자국 화석지로, 현재 남해안의 공룡 발자국 화석지를 유네스코 세계자연유산에 등재하기 위해 노력하고 있습니다.

✛ 공룡의 생태

이제 공룡의 생태에 관해서도 알아보겠습니다. 첫 번째는 싸우는 공룡들입니다. 몽골의 고비사막에서 발견된 육식 공룡인 벨로키랍토르와 초식 공룡인 프로토케라톱스의 화석입니다. 이곳은 그 당시에도 사막이었는데, 모래 폭풍으로 인해 싸우던 모습 그대로 화석이 되어버렸습니다.

두 번째는 박치기 공룡 파키케팔로사우루스입니다. 두꺼운 머리 도마뱀이라는 뜻입니다. 이들은 왜 박치기를 했을까요? 아마도 무리의 우두머리를 뽑거나 암컷을 차지하려고 경쟁했을 것입니다. 이것은 박치기로 경쟁하는 산양 같은 동물을 보면 알 수 있습니다. 앞서 말했듯이 현재는

벨로키랍토르와 프로토케라톱스의 화석

과거를 이해하는 열쇠입니다.

　세 번째는 지붕 도마뱀이라는 별명처럼 등에 커다란 뼈로 된 골판을 지고 있는 스테고사우루스입니다. 처음 발견한 학자들은 등의 골판이 방어용 무기라고 생각했지만, 연구를 더 해보니 골판에는 많은 모세혈관이 발달해 있었습니다. 그래서 방어용 무기가 아니라 체온을 조절하는 용도로 쓰였다고 생각합니다. 최근에는 공작새처럼 화려한 색깔을 내는 데 사용했다는 주장도 있습니다. 그럼 이 공룡의 방어용 무기는 무엇일까요? 바로 꼬리에 난 두 쌍의 가시입니다. 이것은 단순한 가설이 아닙니다. 스테고사우루스와 같은 시대의 육식 공룡인 알로사우루스의 다리뼈에 난 구멍에 스테고사우루스의 가시가 딱 들어맞았다고 합니다. 그런데 실제 스테고사우루스의 방어용 무기는 가시가 아니라 몸집이 아니었을

스테고사우루스의 화석

까요? 코끼리의 방어용 무기가 상아보다는 몸집인 것처럼 말입니다. 쥐
라기 이후의 따뜻한 기후로 식물이 무성하게 자라나 초식 공룡은 자신
의 몸집을 키웠을 테고, 커다란 초식 공룡을 잡아먹기 위해 육식 공룡도
같이 커졌을 것입니다.

✚ 공룡은 왜 멸종했을까?

중생대에 1억 년 이상 지구를 지배했던 공룡은 왜 멸종했을까요? 〈지
식채널e〉에서 소개된 '공룡 멸종에 관한 101가지 이론'을 보면 정식 학술
연구를 통해 보고된 공룡 멸종의 원인이 100가지가 넘는다고 합니다. 너
무 추워서, 너무 더워서, 화산 폭발 때문에, 포유류가 알을 훔쳐먹어서와
같은 이유도 있고, 공룡의 방귀가 온실가스 역할을 해서 지구 온난화가
왔다는 이유도 있습니다. 황당한 이야기처럼 들리지만, 실제로 우리가
고기를 먹기 위해 키우는 소의 방귀가 온실가스의 주요 원인 중 하나입

니다. 현재 가장 유력한 가설은 운석 충돌설로 6,500만 년 전 멕시코 앞
바다에 커다란 운석이 충돌해서 엄청난 화산 폭발과 해일이 있었고, 그
후 화산재로 인한 핵겨울로 멸종했다는 설입니다. 그럼 과학자들은 왜
100가지가 넘는 가설로 공룡의 멸종 원인을 밝혀내려고 할까요? 단순히
호기심 때문에 그런 걸까요? 아닙니다. 지금까지 5번의 대멸종이 일어날
때는 그 당시에 최상위에 있는 지배적인 생물은 반드시 멸종했기 때문입
니다. 그러니 현재 지구를 지배하고 있는 인간이 멸종하는 것을 대비하
기 위해서라도, 공룡의 멸종 원인을 알아 내려고 하는 것입니다.

공룡의 천국, 한반도

모르는 사람이 더 많겠지만, 우리나라에서도 수많은 공룡이 살고
있었습니다. 국내에서 최초로 발견된 공룡은 1972년 경남 하동군에서
발견된 조반류 공룡 알 화석이었습니다. 경북대 지질학과 양승영 명예교

국내에서 최초로 발견된 공룡 화석

수가 발견한 것인데, 이 공
룡 알 덕분에 우리나라에서
도 공룡이 살았다는 것을
알게 되었습니다. 그 이후
부터 공룡 화석이 다수 발
견됩니다. 그런데 사진만 보
면 이 화석이 공룡 알인지

아닌지 알기 어렵습니다. 자세히 보면 검은색의 파편들이 있는데 이 부분이 공룡 알 껍데기입니다. 공룡 알은 오톨도톨한 돌기가 있어서 만질만질한 돌과 구분할 수 있습니다. 예를 들어 달걀 껍데기를 쓰레기통에 버리면 그 위에 다른 것들이 쌓여서 눌리게 되는 모습을 상상해보세요. 그렇게 깨진 알 껍데기가 화석이 된 모습이라고 보면 됩니다. 그 다음해인

부경고사우르스의 화석을 복원한 모습

1973년에는 경북 의성군에서 공룡의 팔꿈치뼈 화석도 발견되었습니다.

1999년에 발견되어 2000년에 보고된 부경고사우루스(*Pukyongosaurus millenniumi*)는 우리나라 학명이 붙여진 최초의 공룡입니다. 부경대학교 연구팀이 2000년에 발표한 공룡이라는 뜻입니다. 실제 발견된 뼈는 몇 개 안 되지만, '과학적 상상력'을 발휘하여 복원했습니다. 2009년에는 육식 공룡 알둥지 화석이 발견되었습니다. 목포자연사박물관의 김보성

학예사가 압해도에서 건축 중이던 횟집 공사 현장을 지나다가 우연히 공룡 알을 발견하고, 연구를 통해 20개의 알이 놓인 둥지를 발굴했습니다. 2개씩 총 20개의 알이 배열되어 있는데, 이것은 공룡의 산란관이 2개이기 때문입니다.

2010년에는 7년간의 발굴을 통해 복원된 코리아노사우루스 보성엔시스(Koreanosaurus boseongensis)가 발표됩니다. 우리나라의 보성군에서 발견된 공룡이라는 뜻입니다. 조각류인 힙실로포돈과 비슷하며 땅을 파는 습성이 있는 것으로 추정됩니다. 2010년엔 코리아케라톱스 화성엔시스(Koreaceratops hwaseongensis)도 발표됩니다. 이 코리아케라톱스, 일명 코리요는 2008년 화성시 전곡항에서 하반신만 발견되었습니다. 꼬리에 난 기다란 돌기들은 헤엄치는 데 사용되었을 것으로 보고 있습니다. 전곡항 근처의

코리아케라톱스의 화석

적색 사암을 더 찾아보면 코리요의 상반신이 발견될지도 모르겠습니다.

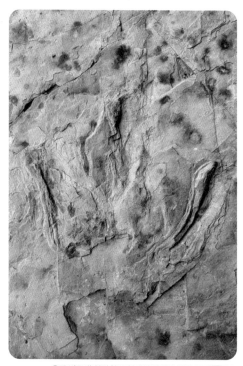
울주 반구대 암각화 근처에서 발견된 공룡 발자국

최근에 발견된 공룡 뼈로는 2014년에 하동군에서 발견된 수각류 공룡이 있습니다. 이것은 낚시꾼이 발견했습니다. 공룡 전문가가 아니어도 호기심과 밝은 눈만 있으면 화석을 발견할 수 있답니다. 두 마리가 동시에 발견되었는데 전체 몸길이가 50센티미터가 안 되는 작은 육식 공룡입니다. 2018년에는 울주군 반구대 암각화 근처에서 공룡 발자국이 발견됩니다. 바위에 새겨진 원시인의 고래 그림으로 유명한 암각화 근처에서 공룡 발자국이 발견된 것입니다. 자세히 살펴보면 공룡 화석은 전국 곳곳에서 발견되고 있습니다.

그리고 현재 가장 주목받는 곳은 진주시 정촌면의 뿌리산업단지 조성지구에서 발견된 공룡 발자국 화석지입니다. 2018년 10월에 발견된 이 화석지는 역대 최다인 볼리비아의 5,000개를 넘는, 최소 8,000개 이상의 발자국이 확인되었습니다. 특히 소형 육식 공룡인 미니사우리푸스의 완벽한 발바닥 피부 화석 같은 희귀한 화석들이 많이 발견된 곳입니다. 문화재청에서 이곳을 보존하기로 했지만, 막대한 예산이 필요한 탓에 어려움을 겪고 있습니다.

공룡을 보려면 현장으로, 아니면 자연사박물관으로

공룡을 볼 수 있는 가장 좋은 방법은 직접 현장에 가는 것입니다. 우리나라에서 발견된 공룡 화석은 대부분 천연기념물로 지정되어 있습니다. 공룡 화석을 보고 싶을 때 문화재청 홈페이지를 참고하면 좋습니다. 현장 방문이 힘들 때는 자연사박물관에 가면 됩니다. 현장 보존이 어려운 화석을 옮겨와서 전시하기도 하고, 원본 화석을 보존하고 복제한 다음 전시하기도 하는 것이 자연사박물관입니다.

제가 일하던 서대문자연사박물관은 국내 최초의 공립 자연사박물관으로, 트리케라톱스와 스테고사우루스 등 공룡을 포함한 화석과 광물은 물론 다양한 현생 생물들도 전시하고 있습니다. 목포자연사박물관에는 국내 최대 육식 공룡 알둥지와 함께 다양한 공룡과 화석이 전시되고 있습니다. 경남 고성군과 전남 해남군에는 공룡박물관이 있습니다. 두 곳 모두 천연기념물로 지정된 공룡 발자국이 있는 곳에 만들어진 박물관입니다. 대전시의 한국지질자원연구원 부설 지질박물관은 학술적으로 가장 뛰어난 박물관으로, 티라노사우루스와 에드몬토니아 등 다양한 공룡이 전시되어 있습니다. 대전시의 천연기념물센터에는 우리나라 최초의 공룡 뼈 등 다양한 공룡 화석을 전시하며, 현재 소형 수각류 공룡을 연구하고 있습니다. 대전시의 국립중앙과학관에는 트리케라톱스가, 국립과천과학관에는 에드몬토사우루스가 전시되어 있습니다. 익산보석박물관에는 부설 공룡 전시관이 있어 커다란 공룡 화석과 모형이 전시되어 있습니다. 안면도쥬라기박물관에는 다양한 진품 공룡 화석들로 가득 차 있습니다. 그리고 공룡알 화석지로 유명한 경기도 화성시에서 새로운 공룡과학관을 건립하고 있습니다. 전국 어디를 가든 공룡과 만날 수 있습니다.

우리나라에는 사실 공룡을 연구하는 과학자가 그렇게 많지 않습니다. 우리나라 공룡 연구가 활발하지 않은 이유가 그것 때문이라고 생각합니다. 강연을 통해 여러분이 공룡에 관심을 갖고 연구를 시작한다면, 발굴할 공룡은 아직도 넘쳐납니다. 굳이 우리나라뿐만 아니라 남극에서 고비 사막까지 세계 곳곳에서 공룡 화석들이 여러분을 기다리고 있을 것입니다.

백두성
고려대학교 지질학과에서 고생물학으로 박사과정을 수료했다. 서대문자연사박물관에서 지질 담당 학예사, 전시교육팀장으로 활동했으며 기획전 '한국의 화석', '한국의 광물자원', 'Are we alone-외계생명체를 찾아서'를 개최했다. 현재 노원우주학교 관장으로 일하고 있다.

이번 강연은 직접 발굴과 연구를 진행하는 고생물학자의 생생한 경험을 들려 드리겠습니다. 공룡의 발자국 화석 이야기를 시작으로, 발자국 화석이 생성되는 원리와 흔적 화석의 종류에 대한 설명도 들을 수 있습니다. 초소형 육식 공룡의 발바닥 피부 흔적, 4족 보행 공룡의 발자국, 2족 보행 원시 악어류의 발자국, 뜀걸음으로 걸었던 포유류의 흔적 등 최근 우리나라에서 세계 최초로 발견되어 큰 관심을 받았던 중요 화석들의 연구 과정과 그 성과를 알아봄으로써, 화석을 연구하는 과학자의 삶을 알아보는 시간입니다.

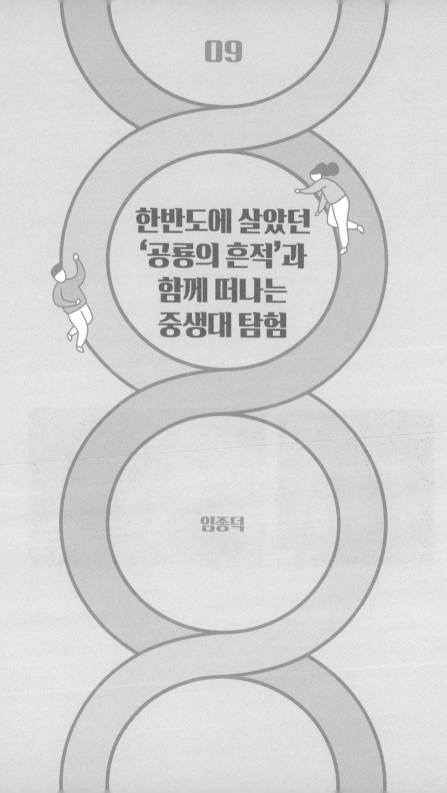

09

한반도에 살았던 '공룡의 흔적'과 함께 떠나는 중생대 탐험

임종덕

지금까지 남아 있는 공룡의 흔적들

공룡이 남긴 흔적으로 공룡의 뼈, 발자국, 알, 배설물 등 다양한 형태의 화석이 존재합니다. 그중 공룡 발자국 화석의 보존 상태와 희귀성을 기준으로 본다면, 우리나라가 세계적인 수준이라고 말할 수 있습니다. 중생대 백악기[1]의 척추동물 발자국으로 범위를 좁히게 되면, 아마도 세계에서 1등이라고 관련 분야의 학자들이 생각하고 있습니다. 특히 경남 고성군 덕명리에서 발견된 공룡 발자국 화석지는 학술적 가치와 더불어 다양성이 매우 높습니다. 이곳은 국내보다 해외에서 더 잘 알려진 곳이기도 합니다. 덕명리는 1982년 1월에 우리나라 최초로 공룡 발자국 화석이 발견된 곳이라서 더 특별한 화석지로 손꼽히기도 합니다.

우리나라 최초의 공룡 뼈 화석(좌)과 경기도 고정리에서 발견된 공룡 알둥지 화석(우)이 전시되고 있는 천연기념물센터 전시관

---

1 중생대의 마지막 시기인 약 1억 4,500만 년 전부터 약 6,600만 년 전 사이의 기간으로 공룡이 가장 번성했다가 멸종되는 시기이기도 하다.

그리고 용각류 공룡의 상완골(윗팔뼈)에 해당하는 뼈 일부분이, 1973년 경북 의성군 탑리에서 발견된 기록이 있습니다. 이 발견은 '우리나라 최초의 공룡 뼈'로 알려져 있

경남 고성군 덕명리 공룡 및 새 발자국 화석지

고, 이후 우리나라 곳곳에서 공룡, 익룡, 도마뱀, 어류 등의 뼈가 계속 발견되고 있습니다. 하지만 중생대 척추동물이나 공룡 발자국을 연구하는 학자들의 숫자가 턱없이 부족해서, 우리나라의 공룡이나 중생대에 살았던 척추동물 관련 화석들을 모두 연구하고 있지는 못하는 실정입니다. 여러분이 만약 커서 공룡을 연구하고 싶다면, 공룡 뼈를 발굴하고 연구할 기회가 무궁무진하다고 할 수 있습니다.

공룡의 발자국으로 우리가 알 수 있는 것

우리나라에는 이미 150여 곳이 넘는 장소에서 공룡의 화석이 보고되고 있습니다. 그리고 공룡뿐만 아니라 다양한 종류의 척추동물의 발자국이 매년 발견되고 있습니다. 그렇다면 공룡이 남긴 발자국을 연구하면 어떤 점을 알 수 있을까요?

첫 번째, 구체적으로 공룡의 정확한 종(種)을 알 수는 없지만, 어느

종류에 해당하는지 밝혀낼 수는 있습니다. 두 발로 성큼성큼 빠르게 이동하거나, 매복했다가 먹잇감을 몰래 사냥했던 수각류 육식 공룡에 해당하는지, 거대하고 무거운 몸집과 긴 목을 가지고 네 발로 천천히 이동했던 용각류 초식 공룡에 속하는지, 아니면 두 발과 네 발로 이동할 수 있었던 조각류 초식 공룡에 속하는지, 이들이 남긴 '발자국'만 관찰하고도 쉽게 알아낼 수 있습니다.

두 번째, 발자국을 남긴 공룡들이 당시에 어떻게 살았는지 알 수 있습니다. 혼자서 살았는지, 아니면 무리를 이루어 함께 살았는지 밝힐 수 있는 직접적인 증거인 셈입니다.

세 번째, 공룡이 당시에 어떤 환경에서 이동했는지 알 수 있습니다. 화석에 빗방울이 함께 찍혀 있다면, 발자국을 남길 당시에 비가 내렸다는 것입니다. 발자국이 남겨진 퇴적물에 수분이 어느 정도 포함되었는지 연구도 가능합니다.

네 번째, 발자국 화석을 남긴 공룡이 당시에 얼마나 빨리 걷거나 뛰었는지 이동 속도를 알아낼 수 있습니다.

흔적 화석에는 공룡과 같이 여러 동물의 발자국, 공룡의 피부 흔적, 알, 배설물, 위석 등이 포함되며, 다른 용어로는 '생흔 화석'으로 부르기도 합니다. 몽골과 미국에서는 프로토케라톱스나 마이아사우라 같은 공룡들이 어미와 새끼가 한 장소에서 발견되었기 때문에, 알둥지의 주인이 명확하게 밝혀지기도 했습니다. 이 공룡들이 가족을 이루어 생활하였거나 새끼를 일정 기간 돌보았다는 증거라고 볼 수 있습니다.

육식 공룡의 발바닥 생김새가 세계 최초로 밝혀지다!

경남 진주시 정촌면 뿌리산업단지 조성지구(중생대 백악기 진주층)에서 발견된, 초소형 육식 공룡의 발바닥 피부 자국을 연구한 결과가 2019년 2월 14일 《사이언티픽 리포트》에 발표되었습니다. 이로써 발바닥 피부 자국이 완벽하게 보존된 초소형 육식 공룡의 보행렬이 세계 최초로 알려지게 되었습니다. 이 발바닥 피부 자국은 미니사우리푸스(*Minisauripus*, '아주 작은 공룡의 발자국'이라는 뜻)라는 초소형 육식 공룡의 발자국 화석입니다.

초소형 육식 공룡의 발바닥을 실제 모습처럼 생생하게 확인할 수 있는 화석을 세계 최초로 발견하였다는 점이 가장 큰 성과입니다. 육식 공룡의 발바닥 피부 모습을 정확하게 알 수 있는 직접적인 증거가 되기 때문에, 관련 학계에서도 큰 의미를 부여하고 있습니다. 또한 미니사우리

미니사우리푸스 발자국의 주인공인 길이 약 25센티미터의 초소형 육식 공룡

푸스가 우리나라의 중생대 백악기의 함안층(약 1억 년 전)에서만 발견되는 것이 아니라, 더 오래된 진주층[2](1억 1,000만 년 전)에서도 존재했다는 사실이 이번 연구를 통해 밝혀졌습니다.

공룡의 발바닥 피부 자국은 사람의 손가락이나 발가락 지문에 해당합니다. 지금까지 발자국 전체가 아닌 일부분에서 피부의 흔적들이 발견된 사례는 종종 있었습니다. 하지만 뿌리산업단지에서 발견된 발바닥 피부 자국은, 발자국 전체에 선명하게 남아 있기에 매우 희귀한 경우라고 볼 수 있습니다. 또한 보행렬을 구성하는 4개의 발자국에 모두 완전한 발바닥 피부 자국이 보존되어 있습니다. 그 형태가 마치 '다각형 돌기들이 그물처럼 촘촘히 밀집된 모습'을 보이며, 이 다각형 돌기들의 직경은 불과 0.5밀리미터 미만으로 매우 작습니다. 사진에서 볼 수 있듯이, 당시에 내렸던 빗방울도 함께 그 흔적이 남아 있을 정도로 보존 상태가 탁월합니다.

이번 발견에서 미니사우리푸스의 발자국은 모두 5개가 발견되었고, 4개의 발자국이 보행렬을 이루고 있었습니다. 발자국의 길이는 평균 2.4센티미터이고, 이 크기를 토대로 해당 공룡의 몸길이는 최대 28.4센티미터로 추정됩니다. 발자국들 사이의 간격으로 추정한 이동 속도는 2.27~2.57m/s로 시속 8.19~9.27km/h에 해당합니다. 초소형 육식 공룡 발자

---

2 중생대 백악기 약 1억 1,000만 년 전후에 경상남북도 지역에 쌓인 퇴적층. 진주층에서 발견된 화석에는 공룡과 익룡의 발자국 화석을 비롯하여, 어류, 곤충, 식물 화석 등 다양성과 규모면에서 국내 최대 수준이며, 중생대 백악기로는 세계적인 수준의 학술 가치가 규명된 발자국 화석들이 다수 발견되어 국제적으로도 인정받고 있다.

국은 이미 경남 남해군 부윤리에서 발견된 길이 1센티미터의 발자국 화석이 있으며, 지난 2009년 논문으로 발표될 당시 세계에서 가장 작은 육식 공룡 발자국으로 공식적으로 인정받았습니다. 부윤리에서 발견된 것 이외에도 경남 남해군 가인리, 사천시 신수도, 진주시 상촌리, 진주시 사곡리에서 발견되었고, 해외에서는 중국 쓰촨성과 산둥성에서 발견되었습니다. 지금까지 국내에서 발견된 미니사우리푸스는 모두 중생대 백악기 함안층에서 발견되었으며, 발자국 화석 중 가장 작은 것은 길이가 1센티미터이고, 가장 긴 것은 3.7센티미터입니다. 이 공룡의 흔적이 한국과 중국에서만 발견되는 점도 특이합니다.

✚ **공룡이 남긴 발자국이 화석으로 만들어지는 과정**

1. 호숫가 가장자리 혹은 강 주변의 물기를 머금고 있는 진흙이나 모래 위를 공룡들이 지나가면서 발자국이 생겨난다.
2. 이 발자국 형태가 훼손되지 않고 온전한 상태로 유지되어야 한다.
3. 자연적으로 밀려온 퇴적물이 발자국 안을 메우게 된다.
4. 오랜 시간을 거치면서 이 퇴적물들이 단단한 암석으로 변한다.
5. 자연적인 풍화 작용에 의하여 발자국 주위의 단단하게 변한 암석이 깎여지고 벗겨진다.
6. 이러한 과정을 통해 발자국 화석이 나타나는데, 이때 드러난 빈 공간(발자국 원형 그대로 상태)이 몰드(mold) 형태의 발자국이라고 하고, 덮여 있던 퇴적물이 발자국 형태로 나타나면 캐스트(cast)라고 한다.

발바닥 피부 자국이 완벽하게 보존된 초소형 육식 공룡 발자국

지금까지 육식 공룡의 발바닥 피부 자국은 중생대의 트라이아스기, 쥐라기, 백악기 지층에서 보고된 적이 있으나, 모두 발자국의 일부분에서만 보존되어 있었고, 다각형 돌기의 직경은 약 1~3밀리미터로 이번에 새롭게 발견된 발바닥 돌기보다 모두 큽니다. 따라서 뿌리산업단지에서 발견된 초소형 육식 공룡의 발바닥 피부 자국은 예외적이고, 최적화된 보존 조건이 갖추어진 것을 의미한다고 볼 수 있습니다.

완벽하게 보존된 초소형 육식 공룡 발자국 화석을 발견하고, 1저자로 본 연구를 주도한 진주교육대학교 김경수 교수(과학교육과)는 이번 발견을 통해 진주층을 다음과 같이 평가하고 있습니다.

"진주혁신도시 발자국 화석지에서 발견된 공룡 발자국 화석을 통하여, 진주층에서 매우 풍부하고 다양한 발자국 화석들이 발견되고 있다는 점을 재확인했다. 이러한 화석지는 '화석이 풍부하고 다양한 곳'이라는 의미로 콘젠트라트 라거슈타테라고 할 수 있다. 완벽한 발바닥 피부 자국이 발견된 것은 '화석의 보존 상태가 매우 양호하다'라는 의미의 콘세르바트 라거슈타테를 지지하는 또 하나의 강력한 증거다. 그리고 이번 화석의 발견은 아기가 태어났을 때 발 도장을 찍어 기념하는 것처럼, 백악기에 살았던 '소형 육식 공룡의 완벽한 발 도장'을 얻은 것과 같다."

 ## 네 발로 걸었던 조각류 공룡 발자국이 국내 최초로 발견되다!

경남 고성군에서 발견된 여러 공룡 발자국들 가운데, 우리나라에서는 처음으로 4족 보행의 흔적을 남긴 조각류의 발자국이 있습니다. 경남 고성군 두호리에서 발견된 조각류 공룡의 발자국을 연구하던 필자는, 좀처럼 보기 힘든 흔적을 발견하고 분석을 시작했습니다. 그 결과 조각류 공룡의 앞발에 해당한다는 사실을 밝혀냈습니다. 여러 나라에서 발견된 기존의 앞발 흔적과는 다른 형태학적 특징을 찾아 낼 수 있었습니다. 이 앞발 흔적은 마치 '초승달' 모양을 보여주고 있었고, 세 개의 앞 발가락(두 번째, 세 번째, 네 번째)이 찍힌 자국이 선명하게 나타나고 있습니다.

해외에서 발견되고 있는 4족 보행 조각류와 다른 점 역시 찾을 수 있었습니다.

첫 번째로, 앞발과 뒷발의 간격이 매우 가깝다는 점입니다. 이번 두호리에서 발견된 앞 발자국의 위치는 뒷 발자국의 바깥쪽에 치우친 위치에 찍혀 있는 것도, 다른 4족 보행 조각류 발자국과의 차이점이라고 할 수 있습니다.

두 번째로, 초승달 모양의 앞발 형태도 길게 늘어진 모습이 특징입니다. 다른 나라에서 발견된 4족 보행 조각류의 앞 발자국 형태는, 보통 삼각형 모양으로 생겼거나 원형 또는 반달 모양이라는 점에서 특이한 형태라고 할 수 있습니다.

이번 4족 보행 조각류의 발자국 화석이 발견된 지층은, 중생대 백악기 지층으로 '진동층'에 해당합니다. 우리나라 경남 지역에 넓게 분포하고 있으며, 고성군에서 나오는 발자국이 대부분 진동층에 속합니다. 이 4족 보행 조각류의 발자국 화석은 연구논문이 발표될 당시 아시아에서는 중국에 이어 두 번째 기록입니다. 세계적으로도 조각류의 앞발과 뒷발이 모두 발견된 경우는 거의 없습니다. 조각류 공룡은 일반적으로 새끼일 때는 몸이 가벼워서 2족 보행을 하는 경우가 많지만, 성체가 되면 4족 보행과 2족 보행을 모두 할 수 있습니다.

이 발자국을 남긴 공룡은 몸길이가 최대 10~12미터, 높이는 5~6미터로 추정됩니다. 이들은 2족과 4족 보행이 모두 가능했습니다. 앞발 오른쪽 발자국의 길이는 3.4센티미터, 폭은 9.8센티미터이며, 왼쪽 발자국의 길이는 4센티미터, 폭은 10센티미터입니다. 뒷발의 경우는 훨씬 커서

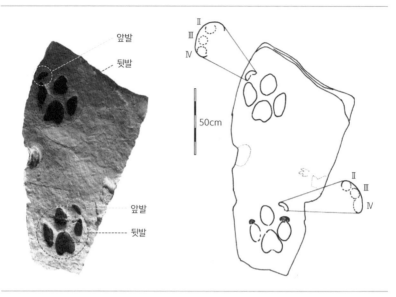

앞발

뒷발

앞발

뒷발

50cm

경남 고성군에서 발견된 국내 최초의 4족 보행 조각류 공룡 발자국 화석
카리리크늄 경수키미(*Caririchnium kyoungsookimi*)

오른쪽 발자국의 길이는 39.5센티미터, 폭은 32.2센티미터이고, 왼쪽 발
자국의 길이는 39센티미터, 폭은 34.6센티미터입니다. 위 연구 결과는 흔
적 화석을 전문적으로 다루는 유일한 국제학술지인 《이크노스》에 2012
년에 게재되었습니다.

 ## 두 발로 걸었던 원시 악어류가 우리나라에서 살았다

경남 사천시 자혜리(중생대 백악기 진주층)에서 발견된 백악기 원시 악
어 발자국 화석에 관한 연구 결과가, 국제학술지인 《사이언티픽 리포트》

에 '한국의 백악기 지층에서 발견된 대형 2족 보행 악어류에 대한 보행렬 증거'라는 제목으로 발표되었습니다.

이번에 발견된 두 발로 걷는 대형 원시 악어의 발자국 화석은 뒷 발자국 길이가 18~24센티미터입니다. 발자국 길이로 계산한 원시 악어의 몸길이는 최대 3미터로 비교적 우리나라에서 살았을 것으로 추정되는 다른 악어류보다 큰 편입니다. 이 원시 악어의 발자국은 '바트라초푸스 그란디스(Batrachopus grandis)'라는 새로운 이름으로 명명되었는데, '대형 바트라초푸스 원시 악어 발자국'이라는 의미입니다.

현재 살아 있는 모든 악어는 육지와 물속을 오가며 살아가는 대형 파충류이며, 육지에서는 네 발로 이동합니다. 지금까지 전 세계에서 악어 발자국 화석은 모두 네 발로 걷는 모습으로 발견되었습니다. 그러나 이번에 연구된 백악기 대형 악어 발자국 화석은, 두 발로 걸었던 악어가 남긴 첫 번째 흔적입니다. 이 흔적은 세계 최초의 발견이며, 즉 두 발로 걷는 원시 악어가 우리나라 백악기 호숫가에 살았다는 것을 직접적으로 의미합니다. 화석이 발견된 곳은 약 1억 1,000만 년 전에 퇴적된 백악기 진주층입니다. 자혜리의 특이한 2족 보행 발자국 화석은 다른 척추동물의 발자국 화석과는 달리 '발가락 마디 자국'과 함께 '발바닥 피부 자국'까지 잘 보존되어 있습니다. 발가락 마디 자국과 발자국의 형태를 통해서 이 발자국 화석이 원시 악어 바트라초푸스인 것을 확인하였고, 발바닥 피부 자국 패턴이 현생 악어와 동일하다는 것을 확인하였습니다.

두 발로 걷는 대형 원시 악어 발자국 보행렬이 여러 개가 발견된 점

앞발과 뒷발의 흔적이 함께 잘 나타나는 크로코다일로포두스 발자국(a)과 세계 최초로 발견된 뒷발만 나타나는 2족 보행 원시 악어 바트라초푸스의 발자국(b, c)

으로 볼 때, 이 원시 악어가 무리를 지어서 서식했을 것으로 추정할 수 있습니다. 대형 원시 악어 발자국 화석은 생김새와 보행렬이 사람의 발자국과 매우 비슷합니다. 하지만 사람의 발자국은 5개의 발가락이 있으며, 첫 번째 발가락(엄지 발가락)이 가장 크고 깁니다. 반면에 백악기 대형 원시 악어 발자국 화석은 발가락이 4개이며, 첫 번째 발가락이 가장 작고, 세 번째 발가락이 가장 깁니다.

최근 진주혁신도시에서 아시아 최초로 크로코다일로포두스(Crocodylo -podus)라는 소형 원시 악어 발자국 화석(발 길이 약 7~9센티미터)이 발견된 바 있습니다. 이 화석은 자혜리에서 발견된 것과 다르게 네 발로 걷는 원시 악어에 의해 만들어진 것입니다. 따라서 1억 1,000만 년 전 백악기 진주와 사천 지역에서는 서로 다른 모습을 가진 악어들이 공룡, 익룡, 포유류, 개구리, 도마뱀 등과 함께 호수 주변에서 살았다는 것을 알 수 있습니다. 연구팀은 자혜리에서 발견된 발자국 화석이 세계 최초의 '두 발로 걷는 원시 악어 발자국'이라고 확인하기 위한 과학적 검증을 다음과 같이 시도하였습니다.

질문 1 : 앞 발자국 흔적이 얕게 찍혀 있거나 아직 발견하지 못한 것 일수도!

질문 2 : 네 발로 걷다가 일시적으로 두 발로 걸었을 때 남겨진 뒷 발자국 흔적일 수도!

질문 3 : 앞 발자국이 뒷 발자국에 의해 중첩될 가능성은?

연구팀은 위의 세 가지 질문을 놓고 오랫동안 논의와 검토를 한 끝에, 자혜리의 특이한 2족 보행 발자국 화석은 두 발로 걷는 원시 악어가 남긴 발자국이라는 결론에 도달하였습니다.

이 연구의 1저자인 김경수 교수는 '중생대 원시 악어 중에서 두 발로 걷는 악어 골격 화석이 이미 미국에서 발견되었다는 점도 이번 연구 결과가 받아들여진 중요한 계기가 되었다'라고 언급한 바 있습니다. 중생대 악어 화석 중에서 육식 공룡과 같이 두 발로 걷는 악어류의 골격 화석이 미국의 노스캐롤라이나주, 유타주, 와이오밍주 등 북미 지역의 트라이아스기 지층에서 발견되어 학계에 보고된 적이 있었기 때문입니다.

두 발로 걷는 악어류는 중생대 트라이아스기에 공룡과 함께 육상 생

바트라초푸스를 남긴 2족 보행 원시 악어의 복원도

물 중 최상위 포식자였을 것으로 추정됩니다. 지금까지 트라이아스기 말기에 두 발로 걷는 악어류는 멸종하고, 공룡들이 쥐라기와 백악기에 번성하였을 것이라고 알려져 왔습니다. 하지만 자혜리에서 발견된 두 발로 걷는 원시 악어 발자국 화석은 백악기 한반도 지역에서 약 3미터 길이의 원시 악어가 살았다는 사실을 보여줍니다. 따라서 자혜리의 두 발로 걷는 원시 악어 발자국 화석은 백악기까지도 두 발로 걷는 원시 악어들이 살아남았다는 중요한 증거라고 평가할 수 있으며, 중생대 백악기에는 육식 공룡과 치열한 생존 경쟁을 했던 거대 악어가 존재했었다는 사실을 알려주고 있습니다.

중생대 백악기에 살았던 포유류의 흔적

경남 진주시에서 우리나라 최초로 발견된 중생대 포유류 발자국 화석은, 캥거루처럼 뜀걸음[3]하는 형태로 총 9쌍의 뒷 발자국으로 이루어져 있습니다. 중생대 백악기 화석으로는 세계적으로 한 차례도 보고된 적이 없어서 그 가치가 매우 높습니다. 중생대 전체에서는 두 번째 발견이기도 합니다. 이 연구 성과는 《백악기 연구》라는 중생대를 전문적으로 다루는 국제학술지에 '중생대 백악기에서 발견된 세계 최초의 뜀걸음형 포유류 발자국 화석'이라는 제목으로 실렸습니다.

이 특별한 발자국 화석은 김경수 교수 연구팀(최초 발견자: 하동 노량초 교사 최연기)이 처음으로 발견했으며, 이후 한국·미국·중국으로 이뤄진 '3개국 공동연구팀'이 본격적인 연구에 나섰습니다. 세계적인 척추동물 발자국 화석 전문가들이 차례로 한국을 방문해 우리나라 화석지에 대한 비교연구를 실시하여 본 성과를 이루어냈습니다.

이 화석이 발견된 지층은 약 1억 1,000만 년 전인 중생대 백악기 진주층이며, 새롭게 명명된 화석의 이름은 '코리아살티페스 진주엔시스(*Koreasaltipes jinjuensis*)'로 '대한민국의 진주시(진주층)에서 발견된 새로운 종류

코리아살티페스 진주엔시스를 남긴 중생대 백악기 포유류의 복원도

---

3 뒷발로만 뜀뛰기 하듯이 이동하는 형태. 대표적으로 캥거루, 캥거루쥐 등이 있다.

의 뜀걸음 형태 발자국'이라는 뜻입니다. 하나의 보행렬 형태로 발견되었는데, 좌우 발자국 한 쌍이 연달아서 9번이나 찍혀 있기에 발자국 주인공이 어떻게 이동했는지 정확히 파악할 수 있었습니다. 마치 캥거루가 기다란 뒷다리로만 껑충껑충 뜀걸음 형태로 이동한 흔적이 고스란히 남아 있었기에 너무나 흥미로웠습니다.

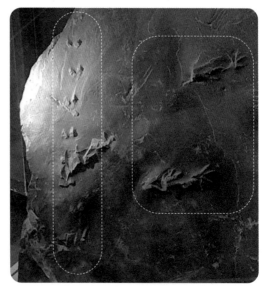

좌측의 발자국이 뜀걸음형 포유류 코리아살티페스 진주엔시스, 우측은 함께 남겨진 악어의 발자국

지금까지 뜀걸음형 포유류 발자국 화석은 중생대 아메기니크누스[4]와 신생대 무살티페스[5] 발자국 화석만이 알려져 있었습니다. 이번에 발견된 코리아살티페스 발자국 화석은 아메기니크누스와 무살티페스 화석과는 발가락 형태와 각도, 보행렬의 특징 등 여러 형태학적으로 큰 차이를 보

---

4 아르헨티나 중생대 쥐라기(약 2억 130만 년 전부터 약 1억 4,500만 년 전) 중기 지층에서 발견된 포유류 발자국 화석이며, 5개의 발가락이 선명하게 나타나고, 앞발과 뒷발이 모두 잘 나타나는 특징이 있다. 보행렬에는 꼬리가 끌린 자국도 종종 나타난다.

5 미국 신생대 마이오세기(약 2,303만 년 전부터 약 533만 년 전) 지층에서 발견된 포유류 발자국 화석으로, 2족 혹은 4족 보행이 모두 가능했던 신생대 포유동물이 남겼다.

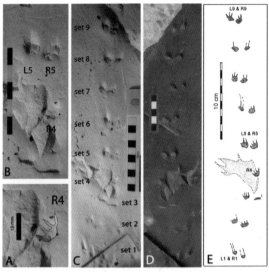

코리아살티페스 진주엔시스의 보행렬. A: 보행렬 중 오른쪽 네 번째 뒷 발자국(R4) 확대한 모습, B: 보행렬 중 다섯 번째 뒷 발자국(L5와 R5)과 오른쪽 네 번째 뒷 발자국(R4), C: 보행렬 전체의 라텍스 몰드, D: 보행렬 전체 표본, E: 보행렬 전체를 그린 다음 좌우로 반전한 형태.

이며, 가장 명확한 뜀걸음의 형태를 나타내고 있습니다.

이 발자국을 남긴 주인공은 약 10센티미터 정도의 몸길이를 지녔을 것으로 추정되며, 필자가 직접 현생 캥거루쥐를 통해 얻은 실험 결과를 볼 때, 그 걸음 방식이 매우 흡사한 것으로 밝혀졌습니다.

이번 연구를 통해 한반도 중생대 척추동물들 가운데 포유류도 서식했다는 점과, 중생대 백악기 척추동물의 종 다양성이 매우 높았다는 사실을 확인하였습니다.

2021년 경남고성공룡세계엑스포를 기대하며

경남에선 지난 2006년부터 경남고성공룡세계엑스포(http://www.dino-expo.com)를 열고 있습니다. 2006년 '공룡과 지구 그리고 생명의 신비'라는 주제를 시작으로, 2009년 '놀라운 공룡 세계, 상상', 2012년 '하

늘이 내린 빗물, 공룡을 깨우다' 등 매번 새
로운 주제로 개최되었으며, 공룡을 사랑하
는 어린이들과 수많은 관람객이 찾아왔습니
다. 코로나로 인해 연기된 제5회 경남고성공
룡세계엑스포는 2021년 9월 17일부터 11월 7
일까지 '사라진 공룡, 그들의 귀환'이라는 주
제로 개최됩니다. 당항포관광지와 상족암군
립공원에서 지금까지 보지 못했던 여러 공룡
관련 새로운 콘텐츠들이 준비될 예정입니다.

2021 경남고성공룡세계엑스포

멸종된 공룡들을 첨단기술로 직접 만나 볼 수 있는 좋은 기회입니다.

임종덕

국내외 공룡 화석지에서 직접 발굴조사·연구를 수행하며, 전시·교육·보존·복원을 하는 우리나
라 대표 척추 고생물학자이다. 미국 캔자스 대학교에서 척추고생물학(박사)을 전공했고, 캔자스
자연사박물관 연구원·서울대학교 지구환경과학부 BK교수를 거쳐 문화재청 국립문화재연구소
복원기술연구실장으로 있다. 25여 년간 학술연구·재능기부를 통한 과학문화 대중화에 헌신한 공
적으로 '한국지구과학회 공로상'을 2017년에 수상한 바 있다. 『화석으로 만나는 공룡의 세계』 등
30여 권의 저서가 있고, 6차례나 과학기술부의 '우수과학도서상'을 수상하였다. 한국인 최초로
브라키오사우루스와 카마라사우루스를 직접 발굴하였고, 우리나라 최초로 익룡의 뼈 화석·4족
보행 조각류 발자국·신생대 돌고래화석을 학계에 보고하였으며, 세계 최초 육식 공룡의 구애 행
위 흔적 화석 연구 등 SCI급 40여 편의 논문을 게재하였고, 많은 중생대 척추동물의 발자국 화석
과 신생대 포유류의 신종을 기재했다.

십 대를 위한 생명과학 콘서트

1판 1쇄 찍은날 2020년 10월 21일
1판 5쇄 펴낸날 2023년 3월 10일

글쓴이 | 안주현, 정두엽, 김덕근, 이지유, 이한승, 이동숙, 장재우, 백두성, 임종덕
펴낸이 | 정종호
펴낸곳 | (주)청어람미디어

책임편집 | 김상기
마케팅 | 강유은
제작관리 | 정수진
인쇄·제본 | (주)에스제이피앤비

등록 | 1998년 12월 8일 제22-1469호
주소 | 04045 서울 마포구 양화로 56(서교동, 동양한강트레벨) 1122호
이메일 | chungaram@naver.com
전화 | 02-3143-4006~8
팩스 | 02-3143-4003

ISBN 979-11-5871-144-3 43470